图解机械加工技能系列丛书

数控螺纹、齿轮加工刀具选用全图解

杨晓 编著

Shukong Luowen Chilun Jiagong Daoju Xuanyong
Quantujie

全彩印刷

机械工业出版社
CHINA MACHINE PRESS

本书主要针对数控螺纹、齿轮加工刀具，结合加工现场的状况，从操作者或选用者的角度，以图解和实例的形式，详细介绍了数控螺纹、齿轮加工刀具的选择和应用技术，力求贴近生产实际。本书主要内容包括：螺纹加工的概念、丝锥、螺纹铣刀和齿轮加工刀具等。本书不仅介绍了数控螺纹、齿轮加工刀具的选择和使用方法，而且介绍了数控螺纹、齿轮加工中常见问题的解决方法。

本书供数控车工、数控铣工、加工中心操作工使用，也可作为普通车工和普通铣工转数控车工和数控铣工时的自学及短期培训用书，还可作为大中专院校数控技术应用专业的教学参考书。

图书在版编目（CIP）数据

数控螺纹、齿轮加工刀具选用全图解 / 杨晓编著 . —北京：机械工业出版社，2019.7
（图解机械加工技能系列丛书）
ISBN 978-7-111-63369-3

Ⅰ.①数… Ⅱ.①杨… Ⅲ.①数控刀具-螺纹刀具-图解　②齿轮刀具-图解　Ⅳ.① TG71-64

中国版本图书馆 CIP 数据核字（2019）第 158928 号

机械工业出版社（北京市百万庄大街 22 号　邮政编码 100037）
策划编辑：王晓洁　责任编辑：王晓洁
责任校对：王　延　封面设计：张　静
责任印制：张　博
北京市雅迪彩色印刷有限公司印刷
2020 年 1 月第 1 版第 1 次印刷
190mm×210mm · 6.833 印张 · 181 千字
0001—3000 册
标准书号：ISBN 978-7-111-63369-3
定价：42.00 元

电话服务　　　　　　　　　网络服务
客服电话：010-88361066　　机 工 官 网：www.cmpbook.com
　　　　　010-88379833　　机 工 官 博：weibo.com/cmp1952
　　　　　010-68326294　　金 书 网：www.golden-book.com
封底无防伪标均为盗版　　机工教育服务网：www.cmpedu.com

序　FOREWORD

>>>>>>>>>

经过改革开放 40 多年的发展，我国已由一个经济落后的发展中国家成长为世界第二大经济体。在这个过程中制造业的发展对经济和社会的发展起到了十分重要的作用，也确立了制造业在经济社会发展中的重要地位。目前，我国已是一个制造大国，但还不是制造强国。建设制造强国并大力发展制造技术，是深化改革开放和全面建成小康社会的重要举措，也是政府和企业的共识。

制造业的发展有赖于装备制造业提供先进的、优质的装备。目前，我国制造业所需的高端设备多数依赖进口，极大地制约着我国制造业由大转强的进程。装备制造业的先进程度和发展水平，决定了制造业的发展速度和强弱，为此，国家制定了振兴装备制造业的规划和目标。大力开发和应用数控制造技术，大力提高和创新装备制造的基础工艺技术，直接关系到装备制造业的自主创新能力和市场竞争能力。切削加工工艺作为装备制造的主要基础工艺技术，其先进的程度决定着装备制造的效率、精度、成本，以及企业应用新材料、开发新产品的能力和速度。然而，我国装备制造业所应用的先进切削技术和高端刀具多数由国外的刀具制造商提供，这与振兴装备制造业的目标很不适应。因此，重视和发展切削加工工艺技术、应用先进刀具是振兴我国装备制造业十分重要的基础工作，也是必由之路。

近 20 年来，切削技术得到了快速发展，形成了以刀具制造商为主导的切削技术发展新模式，它们以先进的装备、强大的人才队伍、高额的科研投入和先进的经营理念对刀具工业进行了脱胎换骨的改造，大大加快了切削技术和刀具创新的速度，并十分重视刀具在用户端的应用效果。因此，开发刀具应用技术、提高用户的加工效率和效益，已成为现代切削技术的显著特征和刀具制造商新的业务领域。

世界装备制造业的发展证明，正是近代刀具应用技术的开发和运用使切削加工技术水平有了全面的、快速的提高，正确地掌握和运用刀具应用技术是发挥先进刀具潜能的重要环节，是在不同岗位上从事切削加工的工程技术人员必备的技能。

本书以提高刀具应用技术为出发点，将作者多年工作中积累起来的丰富知识进行提炼、精选，针对数控刀具"如何选择"和"如何使用"两部分关键内容，以图文并茂的形式、简洁流畅的叙述、"授之以渔"的分析方法传授给读者，将对广大一线的切削技术人员的专业水平和工作能力的迅速提高起到积极的促进作用。

成都工具研究所原所长、原总工程师
赵炳桢

前言　PREFACE

>>>>>>>>>>

　　切削技术是先进设备制造业的组成部分和关键技术，振兴和发展我国装备制造业必须充分发挥切削技术的作用，重视切削技术的发展。数控加工所用的数控机床及其所用的以整体硬质合金刀具、可转位刀具为代表的数控刀具技术等相关技术一起，构成了金属切削发展史上的一次重要变革，使加工更快速、准确，可控程度更高。现代切削技术正朝着"高速、高效、高精度、智能、人性化、专业化、环保"的方向发展，创新的刀具制造技术和刀具应用技术层出不穷。

　　数控刀具应用技术的发展已形成规模，对广大刀具使用者而言，普及应用成为当务之急。了解切削技术的基础知识，掌握数控刀具应用技术的基础内容，并能够运用这些知识和技术来解决实际问题，是数控加工技术人员、技术工人的迫切需要和必备技能，也是提高我国数控切削技术水平的迫切需要。尽管许多企业很早就开始使用数控机床，但它们的员工在接受数控技术培训时，却很难找到与数控加工相适应的数控刀具培训教材。数控刀具培训已成为整个数控加工培训中一块不可忽视的短板。广大数控操作工和数控工艺人员迫切需要实用性较强的，关于数控刀具选择和使用的读物，以提高数控刀具的应用水平。为此，我们编写了"图解机械加工技能系列丛书"。

　　该系列丛书以普及现代数控加工的金属切削刀具知识，介绍数控刀具的选用方法为主要目的，涉及刀具原理、刀具结构和刀具应用等方面的内容，着重介绍数控刀具的知识、选择和应用，用图文并茂的方式，多角度介绍现代刀具；从加工现场的状况和操作者或选用者的角度，解决常见问题，力求贴近生产实际；在结构、内容和表达方式上，针对大部分数控操作工人和数控工艺人员的实际水平，力求做到实用和易于理解。

　　本书是该系列丛书的第5本，第1本《数控车刀选用全图解》已于2014年出版，第2本《数控铣刀选用全图解》已于2015年出版，第3本《数控钻头选用全图解》已于2017年出版，第4本《数控孔精加工刀具选用全图解》已于2018年出版（本书中提到的该系列丛书的图号和章节等均指上述版本）。

　　本书以数控切削中常用的丝锥、螺纹铣刀、齿轮滚刀为着眼点，以介绍这些刀具的选用为脉络，在分别介绍完螺纹和齿轮及其加工概念后，串联起从切削丝锥和挤压丝锥的结构与几何参数、切削（或挤压）过程及丝锥公差，包括跳牙丝锥、带倒锥丝锥、钻攻复合丝锥、带引导丝锥、模块化丝锥、插挤丝锥等多种丝锥结构及其特点，到使用中的选择、磨损、攻丝刀柄等各种常见问题；螺纹铣刀中广泛涉及的整体式螺纹铣刀、刀片式螺纹铣刀、立装式螺纹铣刀及多合一的螺纹铣刀结构及其选用，螺纹铣刀的铣削原理、螺纹铣刀的几何角度、影响螺纹牙型的主要因素、螺纹铣削中的常见问题等；齿轮滚刀中主要介绍了高速钢及整体的、焊接刀片的和可转位刀片（包括模块化的）的硬质合金齿轮滚刀，还串联起滚齿基本要素、渐开线齿轮滚刀的多种齿形、滚刀参数和滚切参数的合理选择，包括磨损类型、切屑形成在内的合理使用滚刀知识，试图使数控刀具的使用者能认识和掌握这些优点特殊的数控刀具使用中的问题。

　　限于篇幅，本书没有涉及已经在《数控车刀选用全图解》中介绍的螺纹车刀，对齿轮刀具中的齿轮铣刀、插齿刀、剃齿刀等也未专门介绍。

　　包括切削丝锥、挤压丝锥、螺纹铣刀及齿轮滚刀在内的数控刀具，无论在我国还是在国际上都正处于应用发展期，大部分产品和数据在实践中会不断更新，恳请读者加以注意。

　　在本书的编写过程中，得到了埃莫克法兰肯有限公司、利美特（南京）有限公司的大力支持。在此，作者谨向埃莫克法兰肯的龚敏霞女士、曹杰先生，利美特的黄素瑶女士和李素奎先生等协助者表示感谢。

　　在本书的编写过程中，还得到欧仕机的菅野浩人先生和黄维斯女士，瓦格斯的饶建国先生，星速的颜怀祥先生，汉江工具的何枫先生，翰默的陈涛先生，山特维克可乐满的胡庞晨先生、邱潇潇女士和李晓鹏女士，肯纳金属的李莹女士，哈一工的于继龙先生，伊斯卡的易逢春女士，上海涌尚的汤一平先生，瓦尔特刀具的贺战涛先生，高迈特的唐玉安先生，斯来福临的沈伟先生，上海应用技术大学的周琼老师，成都工具研究所的吴元昌先生，河冶科技的吴立志先生，江宇刃具的董向阳先生，利勃海尔的韩海先生，比尔兹的夏斌斌先生等许多人士的帮助，在此一并感谢。

　　由于作者水平有限，书中难免存在不足之处，恳请广大读者批评指正。

目录　CONTENTS

▶▶▶▶▶▶▶▶▶▶

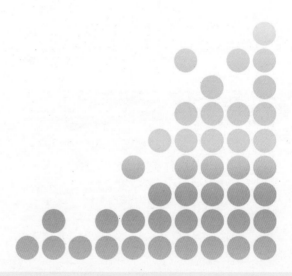

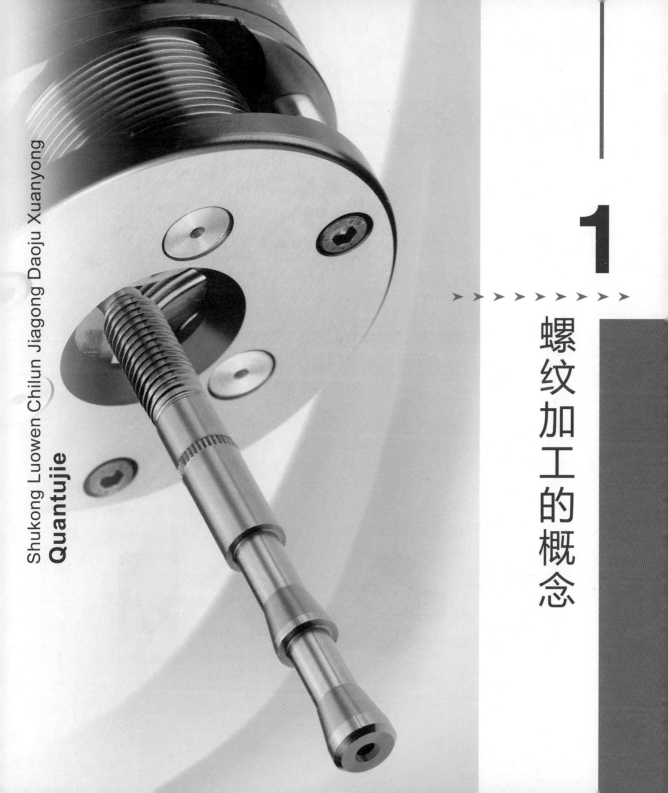

1

螺纹加工的概念

1.1 螺纹的基本概念

什么是螺纹加工？ 我们在介绍螺纹加工的概念时，首先要介绍一下螺纹的基本概念。相对而言，螺纹是一个稍复杂的概念。

1.1.1 螺纹的应用分类

从螺纹的应用上，可以大致把螺纹分为三大类：联接螺纹、传动螺纹和专用螺纹。

联接螺纹通过外螺纹与内螺纹旋合，把两个构件联接到一起。这种联接有时还可将其他一个或几个部件联接到一起。图1-1a是示意简图；图1-1b是几乎家家户户都用的水表，其两端都有管螺纹，分别与来自供水系统的水管和通入住户内的水管联接；图1-1c是一个套式的玉米铣刀，它的刀片通过刀片锁紧螺钉联接到刀体的刀片槽上，而刀体本身则通过刀柄中心的螺钉联接到刀柄上（刀柄上法兰面上的两个黑色凸起是端面驱动键）；图1-1d是瓶盖与瓶身的螺纹联接，以密封瓶子（瓶盖内有橡胶圈用以密封，所以这并不是后面提到的密封螺纹）。

传动螺纹示意简图如图1-2a所示，其有两种基本类型以及两种基本类型的复合体。

第一种螺纹是传递力的，如台虎钳（图1-2b）。台虎钳有两个螺杆：一个是暗黄色的，它的旋转带动绿色的活动钳口前后移动以夹紧或松开工件；另一个是橙黄色的，它用来将台虎钳与桌面夹紧与松开。这两个螺纹都是传递力的螺纹。图1-2c是螺旋千斤顶，它的螺纹也是传递力的。

第二种螺纹是传递精度的，如《数控孔精加工刀具选用全图解》第3章中的同步调整的A字形斜齿条扩孔刀（该书图3-55）

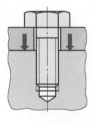

a) 示意简图　　　b) 水表与管螺纹联接　　　c) 刀柄通过螺钉联接刀体　　　d) 瓶盖联接瓶身

图1-1　几种典型的联接螺纹（部分图片素材源自瓦尔特刀具）

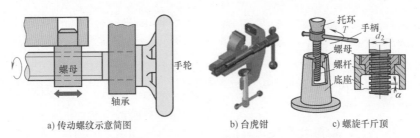

a) 传动螺纹示意简图   b) 台虎钳   c) 螺旋千斤顶

图 1-2 传动螺纹示意简图及两种典型的传递力的螺纹

中的调节螺杆，就是只承担精度调节功能（调节结束另有螺钉锁紧承担切削力）。

第三种螺纹既传递力，也传递精度，如卧式车床的丝杠等（图 1-3）。丝杠（红色箭头所指）既要传递轴向的切削力（传递力），也要带动整个溜板箱进行较精确的移动（传递精度）。黄色箭头所指的中滑板，蓝色箭头所指的小滑板都是类似情况。

而专用螺纹的品种很多，如石油天然气工业螺纹（包括旋转台肩螺纹和钻杆螺纹）、气瓶螺纹、航空螺纹、消防螺纹、灯头螺纹、缝纫机专用螺纹、玻璃瓶螺纹、塑料瓶螺纹等，有些后面会提到。

▶ 1.1.2 螺纹的一般术语

螺纹是在圆柱表面或圆锥表面具有相同牙型、沿着螺旋线（图 1-4）连续凸起的牙体。螺旋线则是一个点沿着圆柱或圆锥表面运动的轨迹，但这种运动是在转过相同的角度（角位移）时，必定沿轴向移动相同的距离（轴向位移）：注意它是轴向的位移（图 1-4 中的 P_h），是沿着轴线测量的（对于圆柱，它与沿着圆柱母线，而对于圆锥则一定不是沿着圆锥的母线）。关于牙型，在稍后集中介绍。

图 1-3 力传递和精度传递螺纹

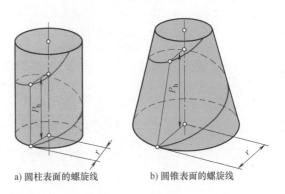

a) 圆柱表面的螺旋线   b) 圆锥表面的螺旋线

图 1-4 螺旋线

螺纹按其在实体表面的位置，可以分为外螺纹和内螺纹（图1-5）：在圆柱或圆锥外表面形成的螺纹称为外螺纹（图1-5左侧），而在圆柱或圆锥内表面形成的螺纹称为内螺纹（图1-5右侧）。

根据螺纹的旋向，顺时针旋转旋入的螺纹是右旋螺纹（图1-6左侧），而逆时针旋转旋入的螺纹是左旋螺纹（图1-6右侧）。

也有一些比较特殊的螺纹，如获得我国专利的唐氏螺纹，是将左旋螺纹和右旋螺纹复合在一起（图1-7），其防松原理和加工方法本书不再介绍。

接着要介绍的概念是螺纹的线数（又称为头数）。

图1-8显示了不同线数的螺纹，左侧是单线螺纹（螺纹只有一个起始点），中间是双线螺纹（螺纹有两个起始点），而右侧则是一个五线螺纹（螺纹有五个起始点）头部的照片。

接着介绍螺纹的一组重要参数：螺距 P 和导程 P_h。所谓导程 P_h，是指在**同一条螺旋线**上，位置相同、相邻的两对应点间的轴向距离，即一个点沿着螺旋线旋转一周所对应的轴向距离；而所谓螺距 P，则不要求在同一螺旋线，只是位置相同、相邻的两对应点间的轴向距离。因此，对单线螺纹，其螺距 P 等于导程 P_h，而对多于线螺纹，其螺距 P 等于导程 P_h 除以线数（或者说导程 P_h 等于螺距 P 乘以线数）。图1-9

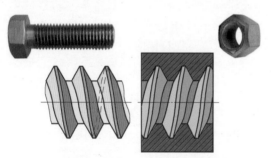

图1-5　外螺纹和内螺纹

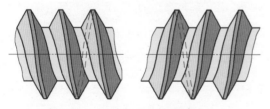

图1-6　右旋螺纹和左旋螺纹

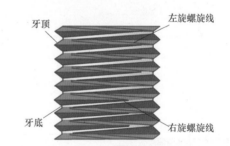

图1-7　唐氏螺纹

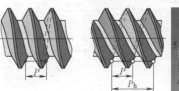

图1-8　螺纹的线数

为不同线数螺纹的螺距与导程。在使用上，单线螺纹尤其是细牙螺纹（细牙问题留待后面说明）比较容易自锁，而多线螺纹则易于快速旋入和旋出。

🔘 1.1.3 螺纹牙型分类

之前在给出螺纹定义时就提到牙型，这里介绍几种常见牙型。螺纹的牙型有多种多样，总体上分成两类：对称牙型和非对称牙型。

首先，定义在螺纹牙型上，一个牙侧与垂直于**螺纹轴线平面**间的夹角称为该侧的牙侧角 β（对称牙型时又称为牙型半角），我们把螺纹牙型两侧的牙侧角 β_1（图 1-10

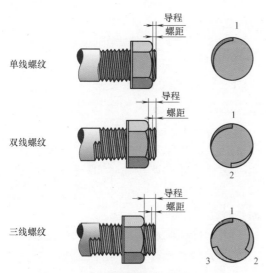

图 1-9　不同线数螺纹的螺距与导程
（图片素材源自山高刀具）

中绿色箭头）和 β_2（图 1-10 中蓝色箭头）相等的牙型称为对称牙型（图 1-10 中淡红剖面），而两侧不对称的（即 $\beta_1 \neq \beta_2$）的称为不对称牙型（图 1-10 中淡蓝剖面）。请读者注意，这里牙侧角是以垂直于螺纹轴线平面为基准的，因此，有些圆锥面上的螺纹都以母线平面为基准等分，当以垂直于螺纹轴线平面为基准时并不是对称的，因此应归入非对称牙型一类。但如果牙侧对称而仅牙顶、牙底不对称，仍然称为对称牙型。

两侧牙侧角之和，称为牙型角 α（图 1-10 所示红色箭头）。

从对称牙型的基本形状来看，可以将较常见的螺纹牙型分为三角形、梯形、矩形和圆弧形几个大类。非对称螺纹则以将对称牙型斜置以及锯齿形螺纹比较常见。

■ 普通螺纹的基本牙型

图 1-11a 为牙型角为 60° 的原始三角形。所谓原始三角形，是指由延长基本牙型（图 1-11 中湖蓝色）的牙侧获得的三个连续交点所形成的三角形（图 1-11 红色双

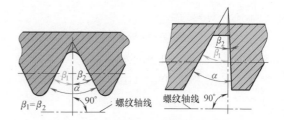

图 1-10　对称牙型和非对称牙型

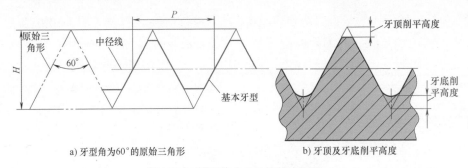

a) 牙型角为60°的原始三角形　　　b) 牙顶及牙底削平高度

图 1-11　牙型角为 60° 的基本牙型

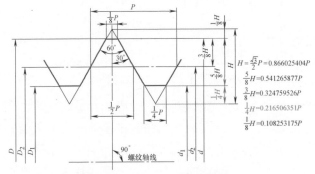

$$H = \frac{\sqrt{3}}{2}P = 0.866025404P$$

$$\frac{5}{8}H = 0.541265877P$$

$$\frac{3}{8}H = 0.324759526P$$

$$\frac{1}{4}H = 0.216506351P$$

$$\frac{1}{8}H = 0.108253175P$$

图 1-12　普通螺纹的基本牙型

点画线），从中得到两个重要参数：原始三角形的高度 H 和螺距 P。牙型角为 60° 的原始三角形是等边三角形，它的高度 H 和螺距 P（理论螺距就等于等边三角形的边长）的比例关系为 $H \approx 0.866P$。

牙型角为 60° 的三角形螺纹是应用极广的螺纹，大部分的普通螺纹都使用这种牙型角，包括米制螺纹（GB/T 192—2003《普通螺纹　基本牙型》，图 1-12）和统一螺纹（统一螺纹主要使用英制计量单位，现已成为国际标准和中国标准，现行中国标准为

GB/T 20669—2006）都是采用这一牙型角的。当然，以前英国的惠氏螺纹采用牙型角为 55°（图 1-13）的设计，那它的高度 H 和螺距 P 的关系就不一样了，目前许多管螺纹依然采用牙型角为 55° 的设计。本书主要介绍关于牙型角为 60° 的刀具，其他只在需要时简单介绍。

图 1-11b 为牙顶及牙底削平高度。所谓削平高度是在螺纹牙型上，从牙顶或牙底到它所在原始三角形的最邻近顶点间的径向距离，图 1-11b 上分别用蓝色和红色表

示。这里要注意，这个削平并不是指牙顶或牙底一定是"平"的，如图1-11b所示，牙顶是平的而牙底是圆弧的，这种结构称为"平顶圆底"，另外还常见圆顶圆底（图1-13）和平顶平底（图1-14）两种形式。

三角形螺纹还有一种顶部斜削的结构，如施必牢防松螺纹（又称为楔形螺纹，图1-15）。施必牢防松螺纹分为两种，图1-15a为普通外螺纹与施必牢内螺纹（螺母）的啮合，图1-15b为内外螺纹均由施必牢螺纹构成。

■ 梯形螺纹的基本牙型

国家标准 GB/T 5796.1—2005《梯形螺纹 第1部分：牙型》中梯形螺纹基本牙型的简化图，如图1-16a所示。从此图中可

以看到，梯形螺纹实质上也是一种三角形螺纹，只不过这种螺纹的牙型角α是30°，这就使它受的轴向分力较大而径向分力较小。相比后面要介绍的矩形螺纹，它的加工要相对容易些。

但国外也有一些螺纹的牙型角α不是30°的，图1-16b是美国标准爱克母（ACME）梯形螺纹（包括一般用途爱克母螺纹和对中型爱克母螺纹）。

■ 矩形螺纹的基本牙型

矩形螺纹没有标准，而且有被梯形螺纹取代的趋势。目前大部分的矩形螺纹基本参照梯形螺纹的直径和螺距。因此图样上的矩形螺纹都会用齿形放大（图1-17a）或直接标注直径和螺距（图1-17b）。

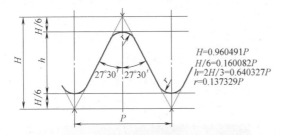

$H=0.960491P$
$H/6=0.160082P$
$h=2H/3=0.640327P$
$r=0.137329P$

27°30′ 27°30′

图1-13 英国牙型角为55°的三角形螺纹

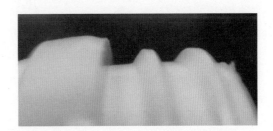

图1-14 一种平顶平底的三角形螺纹

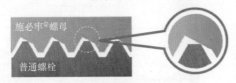

a）第一代施必牢技术

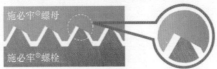

b）第二代施必牢技术

图1-15 施必牢防松螺纹牙型（图片素材源自上海底特精密紧固件）

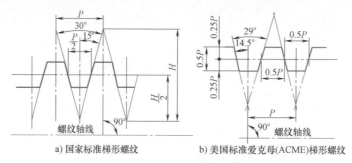

a) 国家标准梯形螺纹   b) 美国标准爱克母(ACME)梯形螺纹

图 1-16　梯形螺纹的基本牙型

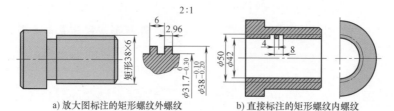

a) 放大图标注的矩形螺纹外螺纹   b) 直接标注的矩形螺纹内螺纹

图 1-17　矩型螺纹的基本牙型

■ 圆弧形螺纹的基本牙型

　　家用的螺纹灯泡一般用圆弧形螺纹。国家标准 GB/T 1406.1—2008《灯头的型式和尺寸　第 1 部分：螺口式灯头》中关于 E27 灯头（家用常规螺口灯头，俗称大螺口）的牙型（图 1-18a），它是完全由圆弧联接而成的螺纹。图 1-18b 为 E27 灯头螺纹放大照片。

　　常见的使用圆弧形螺纹的还有玻璃瓶的螺纹。因为玻璃较脆，需要尽可能避免尖角产生应力集中，所以玻璃瓶的螺纹就常常使用圆弧形螺纹（图 1-19）。

■ 管螺纹的基本牙型

　　管螺纹是用于联接管路的。它的牙型

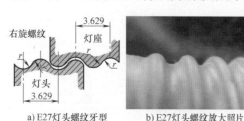

a) E27灯头螺纹牙型   b) E27灯头螺纹放大照片

图 1-18　圆弧形螺纹之一的基本牙型

图 1-19　玻璃瓶的圆弧形螺纹

角、尺寸系列和联接效果都分为两类：从牙型角上分为55°和60°两种；从尺寸系列上分为米制和英制两种；而在联接效果上，分为用螺纹密封的管螺纹和非螺纹密封的管螺纹两种。但从联接方法上，它分为圆柱内螺纹和圆锥外螺纹联接（这种方法理论上只有一牙是啮合的）、圆柱内螺纹与圆柱外螺纹联接、圆锥内螺纹和圆锥外螺纹联接三种。

◆ 55°密封管螺纹（GB/T 7306.1—2000、GB/T 7306.2—2000）

1）55°圆柱内螺纹。管螺纹的55°圆柱内螺纹仍然属于对称螺纹，它的基本牙型与图1-13的惠氏螺纹相同，但与普通螺纹不同的是，这种圆柱内螺纹的国家标准。

2）55°圆锥内、外螺纹。管螺纹的55°圆锥内、外螺纹（图1-20）是不完全对称的，即牙顶和牙底并不对称，但它的牙侧是对称的，因此依然是对称螺纹。

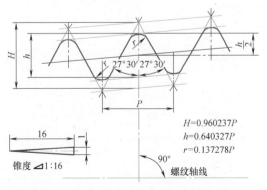

$$H=0.960237P$$
$$h=0.640327P$$
$$r=0.137278P$$

图 1-20　管螺纹的55°圆锥螺纹的基本牙型

◆ 60°密封管螺纹（GB/T 12716—2011）

1）60°圆柱内螺纹。如图1-21所示，管螺纹的60°圆柱内螺纹仍然属于对称螺纹，它的牙型与统一螺纹（GB/T 20669—2006《统一螺纹 牙型》）有些类似却又不尽相同：米制普通螺纹基本牙型的牙顶和牙底采用了不同的削平高度，而管螺纹的60°圆柱内螺纹的牙型却采用了两者相同的削平高度。

2）60°圆锥内、外螺纹。与管螺纹的55°圆锥内、外螺纹相似，管螺纹的60°圆锥内、外螺纹（图1-22）也属于对称螺纹，即牙侧对称但牙顶和牙底不对称。

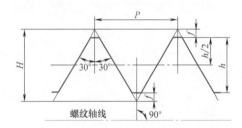

图 1-21　管螺纹的60°圆柱内螺纹的基本牙型

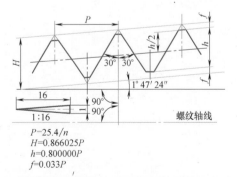

$$P=25.4/n$$
$$H=0.866025P$$
$$h=0.800000P$$
$$f=0.033P$$

图 1-22　管螺纹的60°圆锥螺纹基本牙型

◆ 气瓶专用螺纹

图 1-23 是气瓶专用螺纹牙型（参照 GB/T 8335—2011《气瓶专用螺纹》）的示意图。这是一种专用螺纹，有两点提醒读者注意：①它的牙侧对称于圆锥母线平面（图 1-23 上紫色线条）而与螺纹轴线平面（图 1-23 上橙色线条）不对称，因此按之前所述螺纹术语的定义，它属于不对称牙型而不属于对称牙型；②它的螺距与之前介绍的沿轴线测量不同，是沿圆锥母线测量的，两者虽能够换算但有一定差别（与半锥角 φ 有关）。

◆ 旋转台肩式联接螺纹

图 1-24 为旋转台肩式联接螺纹的牙型（参照 GB/T 22512.2—2008《石油天然气工业 旋转钻井设备 第 2 部分：旋转台肩式螺纹联接的加工与测量》），它们都是对称牙型，牙型角都是 60°，但一种的设计是平头圆底，而另一种的设计是平头平底。

但是，它们的锥度和螺距各有不同，哪怕是同样的螺纹牙型代号，由于锥度与螺距的不同，就会有不同的原始三角形，使用时需要搞清楚。另外，有时还会有牙型角为 90° 的旋转台肩式联接螺纹，一般也是对称牙型（图 1-25）。

■ 锯齿形螺纹的基本牙型

锯齿形螺纹常被作为非对称螺纹的典型代表。图 1-26 为锯齿形螺纹的基本牙型（参照 GB/T 13576.1—2008）。

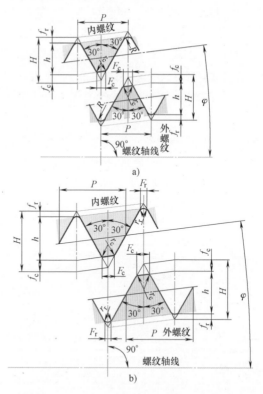

a)

b)

图 1-24 旋转台肩式联接螺纹的牙型

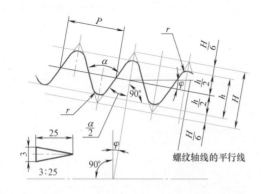

图 1-23 气瓶专用螺纹牙型的示意图

■ 滚珠丝杠

与梯形螺纹丝杠类似，滚珠丝杠/螺母的滚道，也是一种螺纹，只不过它的工作面是内凹面。GB/T 17587.1—2017中关于滚珠丝杠的一些图形（本书对尺寸进行了简化），如图1-27所示。也和加工梯形螺纹丝杠类似，加工滚珠丝杠也是最后精加工多由精密的磨床来完成，在数控车或加工中心主要只做粗加工和半精加工。

1.1.4　螺纹的主要参数

■ 圆柱螺纹的主要参数

◆ 直径参数

螺纹的直径（过去常用内径、中径、外径来区分，有时用底径、中径、顶径来区分）用得较多的是大径、中径、小径。可以看到不管怎么分，中径都是存在的，但中径的概念有点复杂，稍后再讲，现在先来讲其他几个直径。

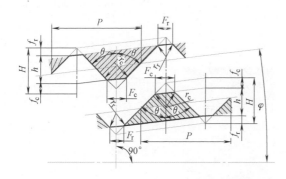

图 1-25　牙型角为 90° 的旋转台肩式联接螺纹

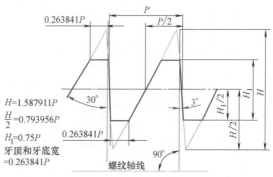

$H=1.587911P$
$\dfrac{H}{2}=0.793956P$
$H_1=0.75P$
牙顶和牙底宽$=0.263841P$

图 1-26　锯齿形螺纹的基本牙型

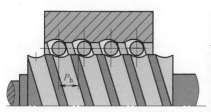

a) 滚珠丝杠的示意图

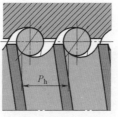

b) 滚珠丝杠接触部分放大

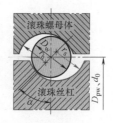

c) 单圆弧

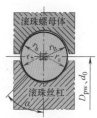

d) 双圆弧

图 1-27　滚珠丝杠

外径和内径，对于外螺纹几乎没有争议，而内螺纹则有不同理解：一般而言，将容易直接测量的称为外径，较难测量（实际上是需要借助专业工具测量）的称为内径。因为容易引起争议，国家标准就没有外径、内径的定义，而是用大径 / 小径来定义：大径是指螺纹上直径最大部分的直径，小径是指螺纹上直径最小部分的直径，它们以数值大小加以区分；顶径是指螺纹牙顶所在的直径，而底径是指螺纹牙底所在的直径，它们以螺纹牙型为参照（图 1-28）。

下面介绍螺纹的中径。

按标准定义，对于圆柱螺纹，中径就是指一个假想圆柱的直径，该圆柱母线通过圆柱螺纹上牙厚（图 1-29a 上 + 色尺寸）与牙槽宽（图 1-29a 上蓝色尺寸）相等的地方；对于圆锥螺纹，则是指一个假想圆锥的直径，该**圆锥母线**通过圆锥螺纹上牙厚（图 1-29b 上红色尺寸）与牙槽宽（图 1-29b 上蓝色尺寸）相等的地方，而且是在基准平面（图 1-29b 上紫色线条）内测量。

在实际操作中，就图 1-28 和图 1-29 所示这类的单个截面，要检测出牙槽宽（蓝色尺寸）比较容易，而要检测出牙厚（红色尺寸）相对要求较高，因此又有一个只检测牙槽宽的中径——单一中径。

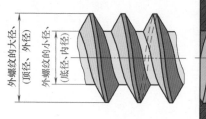
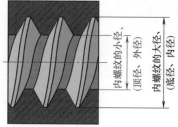

图 1-28　内外螺纹的直径

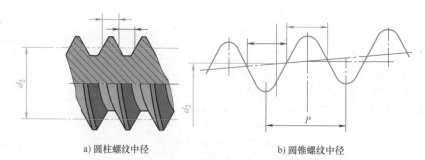

a）圆柱螺纹中径　　　　　b）圆锥螺纹中径

图 1-29　内外螺纹的中径

所谓单一中径，是指实际牙槽宽等于理论牙槽宽处的直径。它通常采用最佳量针或量球进行测量。图 1-30a 为测量圆柱外螺纹（淡红色）的示意图，而所谓最佳量针或量球（绿色），是指理论上量针或量球恰好与螺纹在理论中径处相切（大红色）。而使用普通的直径量具（天蓝色）加上所谓最佳量针或量球（绿色）并经过简单计算就可测出此单一中径，而螺距等其他螺纹要素也会对单一中径产生影响（图 1-30b）。

但在螺纹实际旋合时，真正起作用的还有一个中径尺寸：作用中径。

所谓作用中径，是指在规定的旋合长度（图 1-31a 绿色界线）内，恰好包容（既没有过盈又没有间隙）实际螺纹（图 1-31a

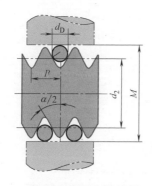

a) 测量圆柱外螺纹的示意图

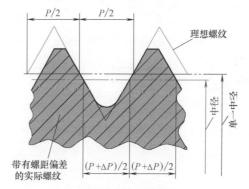

b) 螺距引起的单一中径偏差

图 1-30 单一中径

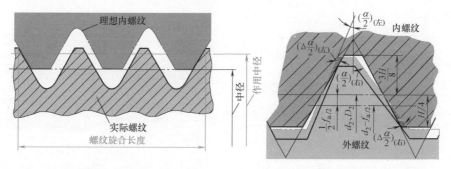

a) 作用中径的概念及螺距误差对其的影响

b) 牙型半角引起的作用中径偏差

图 1-31 作用中径

Shukong Luowen Chilun Jiagong Daoju Xuanyong Quantujie

蓝色部分）牙侧的一个假想理想螺纹（图 1-31a 红色部分）的中径。这个理想螺纹具有基本牙型，并且包容时与实际螺纹在牙顶和牙底处不发生干涉。图 1-31a 主要反映螺距对作用中径的影响：由于该实际外螺纹的螺距偏小，它的作用中径变大了，需要更大的螺孔才能保证螺纹的旋合；图 1-31b 反映了牙型半角对作用中径的影响：由于蓝色的实际外螺纹牙型两侧存在牙型半角偏差，它会与原本正确牙型、尺寸的内螺纹发生干涉（图 1-31b 带横向剖面线的土黄色部分），螺纹难以旋合，因此红色的理想牙型螺纹只有上移才能避免干涉，这会使该螺纹的作用中径变大。

◆ 轴向尺寸参数

螺纹最常用的一组轴向尺寸参数是螺距和导程，这两个的概念在螺纹的一般概念中已进行了阐述。

接着介绍上面已提到但暂时未介绍的轴向尺寸参数：旋合长度。但在这之前先介绍一个概念：完整牙型和非完整牙型。完整牙是指从牙顶至牙底都完整的螺纹牙型。在图 1-32 中，浅蓝色的部分牙顶被削去，就是非完整牙。不贯通的螺孔（也称"盲孔"）中，一般孔口有倒角，螺纹尾部有刀具结构或进给路径形成的螺尾，这些都属于不完整牙型。

在螺纹的旋合中，有内、外螺纹覆盖的长度称为装配长度，而内、外螺纹都是完整牙型的那部分才是真正有效的，称为旋合长度，如图 1-33 所示。

前面所提到的作用中径就是在**旋合长度**上测量的，不是在装配长度上测量的。

■ **圆锥螺纹的主要参数**

圆锥螺纹第一种旋合方式是内螺纹（图 1-34 上橙色）和外螺纹（图 1-34 上天蓝色）都是锥螺纹的所谓锥-锥螺纹旋合。这样的圆锥螺纹即使加工得不太精密，也可以通过填充各种密封材料（如白料、麻丝和白漆等）实现密封的；若加工得比较精密时，则可以完全依靠螺纹本身密封

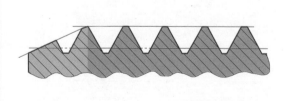

图 1-32　完整牙和非完整牙

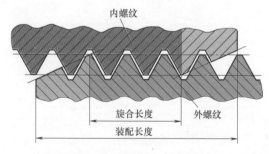

图 1-33　螺纹旋合长度和装配长度

14

（即不填充各种密封材料）。螺纹本身受力后，牙型产生一定的变形，材料向有空隙处流动以填补螺纹间的缝隙。常规的这种干密封可能会产生永久性的塑性变形，使用一次后内外螺纹就不能再次使用。但如果通过超精密加工使螺纹本身的变形在弹性变形的范围之内，下次仍然可以再次实现密封。

这样的配合螺纹所有位置的直径都是不一样的，这就使两个螺纹旋合（不是拧紧）的状态下需要在内螺纹上有一个与外螺纹大端旋合的位置作为设计基准，这个位置就是所谓"基准位置"（图1-34中红线），而在这个基准位置与外锥螺纹的端面有一个基准距离，而内、外螺纹的单一中径检验都以这个基准平面为依据。

另一种是圆锥外螺纹与圆柱内螺纹的旋合的方式，称为锥-柱螺纹旋合（图1-35）。这种螺纹旋合时，内外螺纹在旋合的第一牙处通过内、外螺纹两侧的牙型变形填满螺纹间隙，产生一小段密封结构

（图1-35右下）。这种螺纹在一次使用之后，内、外螺纹都必须更换。

这种锥-柱旋合的螺纹大部分是考虑到圆锥外螺纹加工的工艺性较差而圆柱内螺纹则较容易加工，常用于一次性装配的场合。

不管是与圆锥内螺纹或者圆柱内螺纹配合，圆锥外螺纹都存在用于定义和测量圆锥螺纹直径的基准平面（图1-34和图1-35中红线），而基准平面与圆锥外螺纹小端面之间的轴向距离称为基准距离。

圆锥外螺纹的基准直径（为规定密封管螺纹尺寸而设立的基准基本大径）就在这个基准平面上测量，而其他的包括圆锥外螺纹的中径、小径以及圆锥内螺纹的大径、中径、小径也都是在这个基准平面上测量的。而对于圆锥螺纹不管是内螺纹还是外螺纹，还必须先保证在一定长度上的螺纹都是完整的牙型，这一长度称为有效螺纹长度（图1-34），之后才能是要确保具有非完整牙型的"螺尾"部分（图1-34）。

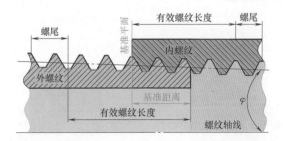

图1-34 锥-锥螺纹旋合的基准平面

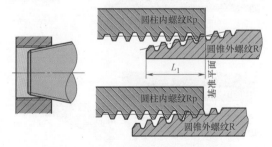

图1-35 锥-柱螺纹旋合的基准平面

1.2 螺纹加工刀具概况

螺纹分为内螺纹和外螺纹两种基本形状，而基本的加工方法也分为两个大类：切削和成形加工（主要是冷压成形加工）。

▶ 1.2.1 切削螺纹的基本概况

切削螺纹的基本方法是车削、铣削和用切削丝锥或板牙加工螺纹。

■ 车削螺纹

◆ 外螺纹车刀

外螺纹车刀主要分为整体式螺纹车刀（图1-36a）、焊接式螺纹车刀（图1-36b）、机夹可修磨的螺纹车刀（图1-36c）以及多种可转位外螺纹车刀，图1-37左起分别是

肯纳金属的TopNotch上压式车刀、平装三角形刀片的车刀、立装三角形刀片的车刀、X形的最多四个刃刀片的车刀和伊斯卡的五刃刀片的车刀。而螺纹数控车削加工适用的车刀主要是可转位车刀。

◆ 内螺纹车刀

内螺纹车刀的种类与外螺纹车刀类似，只是由于内螺纹车刀受到内螺纹底孔尺寸的影响，有些小直径螺纹的车刀结构会有所不同，图1-38为三种小直径的内螺纹车刀，自左至右分别是整体硬质合金内螺纹车刀、可换头部的内螺纹车刀和装硬质合金小刀杆的内螺纹车刀。

a) 整体式螺纹车刀　　　　　b) 焊接式螺纹车刀　　　　　c) 机夹可修磨的螺纹车刀

图1-36　三种类型的外螺纹车刀

图1-37　五种可转位的外螺纹车刀

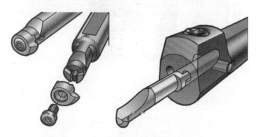

图 1-38　三种小直径的内螺纹车刀
（部分图片素材源自山特维克可乐满）

图 1-39　几种螺纹铣刀
（部分图片素材源自瓦尔特刀具）

有关螺纹车刀的选用，在《数控车刀选用全图解》第 5 章中已有比较全面的介绍，本书不再做更多的介绍。

■ 铣削螺纹

铣削螺纹也是内、外螺纹加工均可以使用的一种加工方法。

螺纹铣刀是通过数控机床的螺纹插补铣来加工内螺纹或外螺纹的一种刀具。如图 1-39 所示，它既可以是整体硬质合金的（左侧两种），也可以是刀片式的。

有关螺纹铣刀的特点和选用，将在本书的第 3 章较为详细地介绍，这里就不再讲解了。

■ 丝锥

丝锥是用于加工内螺纹的常用的螺纹刀具。根据丝锥所用的材质不同，可以分为高速钢丝锥和硬质合金丝锥，这两者在外观上很难分辨，但在使用上却有很大差别。图 1-40 为几种外观有显著差异的丝锥：图 1-40 中自左至右分别是直槽丝锥、螺尖丝锥、螺旋槽丝锥、跳牙丝锥、内容屑丝锥。另外有一种挤压丝锥，不属于切削加工而属于冷压成形加工的刀具，稍后再进行介绍。

丝锥的选用属于本书的重点章节，将在第 2 章专题介绍，这里也不再展开了。

◆ 螺母丝锥

螺母丝锥是制造螺母（螺纹标准件）的专用丝锥，如图 1-41 所示。当左侧的蓝色的顶桶将螺母毛坯（淡橙、淡紫、深橙、深紫）逐个顶上丝锥，螺母就随着丝锥的螺纹旋转起来，并慢慢轴向移动，而丝锥几乎是不动的。攻完螺纹的螺母就被后续的螺母推着沿着丝锥轴向移动，顺着弯道转向并最后掉落到机床外面。

◆ 拉削丝锥

拉削丝锥与《数控孔精加工刀具选用全图解》第 1 章第 1.2.6 节中介绍的圆拉刀类似，只是拉削丝锥的拉削齿上有螺纹，工件在开始切削时就会随着轴向移动的同时旋转（图 1-42）。

图 1-40　几种外观有显著差异的丝锥（部分图片素材源自欧仕机）

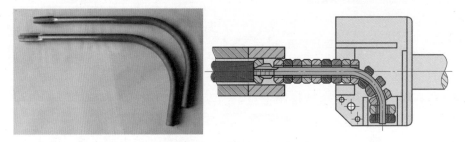

图 1-41　弯柄螺母丝锥及其原理

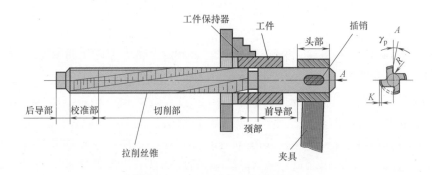

图 1-42　拉削丝锥及其工作原理

■ **板牙**

与丝锥专用于内螺纹加工类似，板牙专用于外螺纹加工。图1-43为两种典型的圆板牙。左侧是传统的圆板牙，其周边的容屑孔都是完整的圆形；而右侧是螺尖圆板牙，其周边的容屑孔并不是完整的圆形（红色箭头所指），而是多切了一个圆弧，这和本书第2章介绍的螺尖丝锥的原理一样。

图1-43　两种典型的圆板牙（图片素材源自成都成量和江宇刃具）

1.2.2　冷压成形螺纹的基本概况

冷压成形螺纹与切削加工螺纹有个最显著的差别，就是在于螺纹表面金属材料的组织分布。图1-44为切削加工螺纹和冷压成形螺纹的对比。冷压成形的组织纤维呈连续状态，表面有加工硬化现象，抵抗变形的能力

较强，但螺纹牙顶多呈现Y形缺陷。使用冷压成形加工的前提之一是工件材料具有足够的延展性（根据刀具的设计不同，对延展性的要求会有一些差别）。

■ **挤压丝锥**

挤压丝锥是一种常用的冷压成形刀具（图1-45），在铝及铝合金的内螺纹加工中有着比较普遍的应用。挤压丝锥也将在本书第2章中进行较为详细的介绍。

■ **搓丝板**

搓丝板是加工螺钉、螺栓等外螺纹紧固件（标准件）的常用刀具，与螺母丝锥加工内螺纹紧固件比较类似。图1-46为搓丝板及其工作原理。搓丝板一般是两块一组一起使用，较长的一块是静止不动的，较短的一块是来回运动的，螺钉、螺栓等在这两块板中被搓制成形。

■ **滚丝轮**

滚丝轮也是一种大批量高效生产外螺纹的冷压成形工具，工件在两个滚丝轮的夹缝里被滚压成形（图1-47）。在某种意义上，可以将上小节两个搓丝板都看作直径无穷大的滚丝轮。

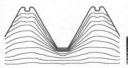

图1-44　切削加工螺纹和冷压成形螺纹的对比（部分图片素材源自埃莫克法兰肯）

■ 轴向螺纹滚压头

图 1-48 所示为一种可精调的轴向进给滚压结构的滚压头。它从车削中心尾座端部开始，沿工件毛坯中心线移动，从而形成螺纹。在某种意义上，它相当于把滚丝轮装在滚压头内，将径向进给调整为轴向进给。图 1-48 中滚压头带有精调结构的中心调节装置，精调由调节扳手实现高的调节精确度（0.01mm）和高的重复精度（可再现相同刻度下误差为 ±0.01mm 的中径精度）；它带有切屑防护装置，由于该防护提升了加工安全性，因此即使在离合器打开时也能防止切屑和其他的微粒（来自前后工序）进入。

图 1-49 为滚压头的分解图。它由滚轮、滚轮座、滚压系统外壳体、中心精调装置、闭合环、闭合装置和新型接柄组成（未画切屑防护装置），闭合环可以 360° 旋转，并可根据设备具体情况来进行调整；冷却驱动闭合装置是可选项，可非常方便地整合在接柄与离合器之间，可换式接柄可提高其灵活性和效率（可根据不同机床更换不同的接柄）。

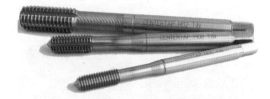

图 1-45　挤压丝锥

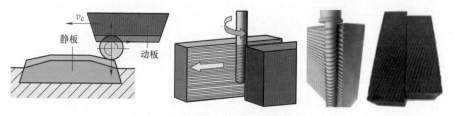

图 1-46　搓丝板及其工作原理

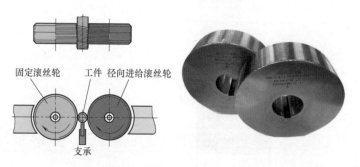

图 1-47　滚丝轮及其工作原理（部分图片素材源自埃莫克法兰肯）

■ **切线式螺纹滚压头**

切线式螺纹滚压头如图1-50所示。它相当于将搓丝板装到了滚压头里。

■ **径向滚压头**

径向滚压头类似于将滚丝轮装在车刀上（图1-51）。通过径向进给来切出外螺纹。与轴向螺纹滚压头、切线式螺纹滚压头相比，它的工件径向受力很大，许多时候需要对侧有辅助支承以平衡该径向力。

搓丝板、滚丝轮和以上各种滚压头都不是本书介绍的重点，在本书中将不涉及这几类冷压成形产品。

图1-48　一种可精调的轴向进给滚压结构的滚压头（图片素材源自利美特金工）

图1-50　切线式螺纹滚压头

图1-49　滚压头的分解图
（图片素材源自利美特金工）

图1-51　径向滚压头

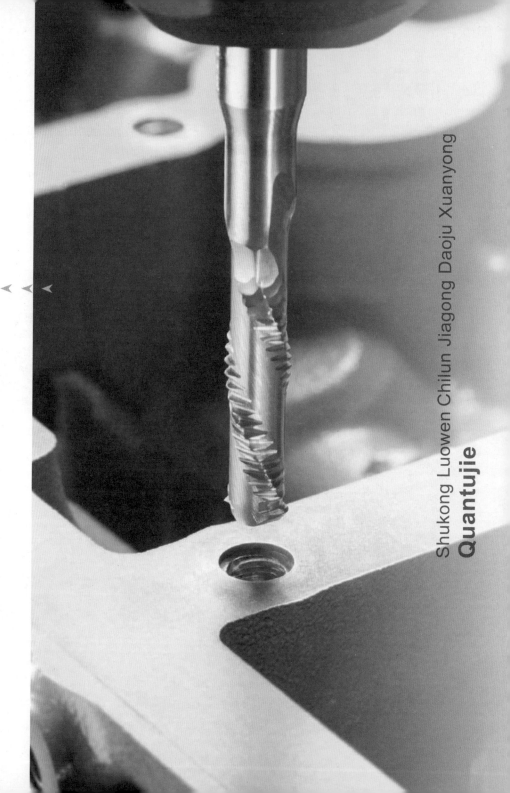

2

丝锥

2.1 丝锥的基本分类

2.1.1 丝锥的材质分类

丝锥从材质上主要分为高速钢丝锥和硬质合金丝锥，极少情况下有立方氮化硼（CBN）丝锥或聚晶金刚石（PCD）丝锥。

■ 高速钢丝锥

高速钢按化学成分主要可分为低合金高速钢、普通高速钢及高性能高速钢；按冶炼工艺可分为熔炼高速钢及粉末冶金高速钢。

◆ 按化学成分分类的高速钢材质

低合金高速钢完全不能符合数控加工的要求，数控加工主要使用普通高速钢和高性能高速钢。

• 普通高速钢

常见的普通高速钢有两种：钨系高速钢和钨钼系高速钢。

① 钨系高速钢

钨系高速钢（钨的质量分数为 9% ~ 18%）：典型牌号有 W18Cr4V（国外常称为 T1 钢），经热处理后硬度可达 63 ~ 66HRC，抗弯强度可达 3500MPa，且可磨削性能好。W18Cr4V 淬火组织金相图如图 2-1a 所示。

② 钨钼系高速钢

钨钼系高速钢（钨的质量分数为 5% ~ 12%，钼的质量分数为 2% ~ 6%）：典型牌号为 W6Mo5Cr4V2（美国牌号为 M2，国内相对于钨系高速钢又俗称为 W6），可以取代钨系高速钢，具有碳化物细小且分布均匀，耐磨性好，成本低等一系列优点。其在热处理后抗弯强度可达 4700MPa，韧性及热塑性能够提高 50%。它常用于制造各种工具，包括丝锥和齿轮刀具等，可以满足加工一般工程材料的要求，但其脱碳敏感性稍强。W6Mo5Cr4V2 淬火组织金相图如图 2-1b 所示。

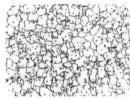

a) W18Cr4V   b) W6Mo5Cr4V2

图 2-1 两种淬火组织金相图（一）（500×，图片素材源自《金属热处理》杂志）

目前，采用熔炼制得的钨系或钨钼系高速钢等普通高速钢在很多场合下都不是数控加工用丝锥材料的首选。

• 高性能高速钢

高性能高速钢是通过改变普通高速钢的化学成分，提高性能，从而发展起来的较新品种。高性能高速钢具有更高的硬度、热硬性，切削温度达 650℃时，硬度仍可保持在 60HRC 以上，刀具寿命可以达到普通高速钢的 1.5 ～ 3 倍，适用于制造数控加工所需较高切削速度刀具。

它目前主要的品种有四种，分别为高碳系高速钢、高钒系高速钢、钴高速钢和铝高速钢。

高碳系高速钢：牌号为 9W18Cr4V⊖，因碳的质量分数高（0.9%），所以硬度、耐磨性及热硬性都比较好，用其制造的刀具在较高切削速度时寿命尚可。

高钒系高速钢：牌号有 W12Cr4V4Mo⊖ 及 W6Mo5Cr4V3（美国牌号 M3），钒的质量分数为 3% ～ 4%，耐磨性大大提高，但可磨性稍差。

钴高速钢主要用于制造切削速度较高的刀具，钴能促使碳化物在淬火加热时更多地溶解在基体内，利用高的基体硬度来提高耐磨性。钴高速钢主要的牌号有：W6Mo5Cr4V2Co5（美国牌号 M35，国内称为 W6+ 钴），它的硬度、热硬性、耐磨性及可磨削性能都不错，热处理硬度可达 65 ～ 67HRC；W2Mo9Cr4VCo8（美国牌号 M42），钒的质量分数不高（1%），钴的质量分数高（8%），热处理硬度可达 67 ～ 70HRC，采取特殊热处理方法，可得到 67 ～ 68HRC 的硬度，使其切削性能（特别是间断切削）得到

改善，提高冲击韧性。钴高速钢可制成各种刀具，是国际上普遍用于数控加工丝锥的材料之一。

铝高速钢是由于我国钴资源比较缺乏而开发的含 Al 不含 Co 的高性能高速钢。它的典型牌号是 W6Mo5Cr4V2Al（M2Al，又称为 501，淬火组织金相图如图 2-2 所示）。它 600℃时的硬度也达到 54HRC，虽然不含钴，但仍保留有较高的强度和韧性。M2Al 在加工 30 ～ 40HRC 的调质钢时，刀具寿命可比普通高速钢高 3 ～ 4 倍。它的主要缺点是加工工艺性稍差。这种钢立足于我国资源，与钴高速钢比较，成本较低，故也已逐渐推广使用。

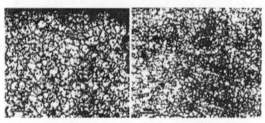

a) 无铝高速钢　　b) 铝高速钢

图 2-2　两种淬火组织金相图（二）

◆ 按冶炼工艺分类的高速钢材质

• 熔炼高速钢

常规的普通高速钢和高性能高速钢都是用熔炼方法制造的。它们经过冶炼、铸锭和镀轧等工艺制成刀具。熔炼高速钢容

⊖ 在现行国家标准 GB/T 9943—2008 中无对应牌号，在此仅供参考。

易出现的严重问题是碳化物偏析,硬而脆的碳化物在高速钢中分布不均匀且晶粒粗大(可达几十个微米),对高速钢刀具的耐磨性、韧性及切削性能产生不利影响。

• 粉末冶金高速钢

粉末冶金高速钢(PM HSS)是 20 世纪 70 年代发展起来的。它是将高频感应炉熔炼出的钢液,用高压氩气或纯氮气雾化,再急冷而得到细小均匀的结晶组织(高速钢粉末),然后将所得的粉末在高温、高压下压制成刀坯,或先制成钢坯再经过锻造、轧制成刀具形状(图 2-3)。据吴元昌先生介绍,粉末冶金高速钢的强度取决于其非金属夹杂物含量及尺寸大小:就 W2Mo9Cr4VCo8

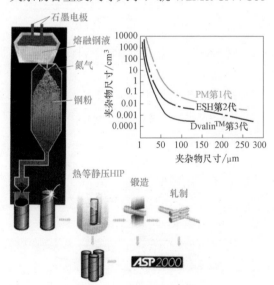

图 2-3　粉末冶金高速钢的生产流程及第 1～3 代的夹杂物减少情况

(图片素材源自吴元昌先生报告)

淬火(+)回火后硬度为 67HRC 时的横向抗弯强度而言,熔炼方法制造的约为 1.3GPa,第 1 代的粉末冶金高速钢 ASP30 达到了 3.0GPa,第 2 代的粉末冶金高速钢 ASP2030 达到了 3.5GPa,而第 3 代的粉末冶金高速钢 DvalinASP 2030 达到了 4.2GPa。

据山东大学的资料,与熔融法制造的高速钢相比,粉末冶金高速钢具有以下优点:①没有碳化物偏析的缺陷,不论刀具截面尺寸有多大,其碳化物晶粒细小均匀(图 2-4),达 2～3μm(一般熔炼高速钢为 8～20μm),因此,粉末冶金高速钢具有较高的力学性能,其强度和韧性分别是熔炼高速钢的 2 倍和 2.5～3 倍;②在化学成分相同的情况下,与熔炼高速钢相比,粉末冶金高速钢的常温硬度能提高 1～1.5HRC,热处理后硬度可达 67～70HRC,而 600℃时的高温硬度比熔炼高速钢高 2～3HRC,高温硬度提高尤为显著;由于粉末冶金高速钢碳化物颗粒均匀分布的表面积较大,且不易从切削刃上剥落,所以粉末冶金高速钢刀具的耐磨性比熔炼高速钢提高 20%～30%;③由于碳化物细小均匀,粉末冶金高速钢的可磨削性能较好,且便于制造刃形复杂的刀具,磨削表面粗糙度可显著减小;④由于力学性能各向同性,可减小热处理变形和应力。粉末冶金高速钢适合于制造本书所介绍的螺纹刀具、滚刀、插齿刀等复杂刀具和成形刀具。

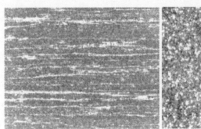 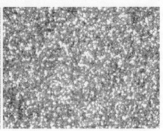

a) 普通高速钢　　　　　　b) 粉末冶金高速钢

图 2-4　两种高速钢金相图

图 2-5 为切削材料的性能比较，左图是常见各类切削材料的对比，而右图则是高速钢切削材料的细化性能比较，列出了一些常见的高速钢材料，如钨系高速钢的 T1、钨钼系高速钢的 M2、铝高速钢的 M2Al、钴高速钢的 M35 及 M42，以及属于粉末冶金高速钢的 PM30。从中可以看出，在这些牌号中，无论强度和硬度，粉末冶金高速钢均比其他高速钢更有优势。

■ 硬质合金丝锥

硬质合金丝锥的切削材质为硬质合金，与整体硬质合金铣刀和整体硬质合金钻头相似，有兴趣的读者可参阅《数控铣刀选用全图解》和《数控钻头选用全图解》，这里不再赘述。

■ 表面处理与涂层硬表面处理

丝锥经常需要进行表面处理与涂层硬表面处理。

◆ 表面处理

高速钢丝锥常见的表面处理见表 2-1。

◆ 涂层硬表面处理

现在丝锥的涂层种类很多，各厂家都会有自己的涂层技术。图 2-6 为几种常见的丝锥涂层。

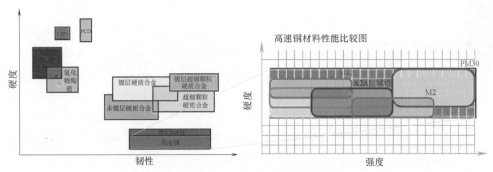

图 2-5　切削材料的性能比较

表 2-1　高速钢丝锥常见的表面处理

处理方法名称	简图	描 述
蒸汽处理或氧化		在特殊装置下，刀具置于热蒸汽中，这导致在刀具表面形成黑色氧化层，此氧化层保护表面且有助于润滑。这种方式下，低碳软钢加工时冷焊将有效得到抑制
渗氮处理	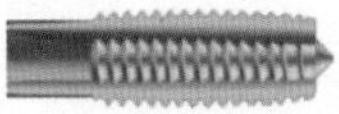	把刀具放置于一个含氮和特殊盐的容器中，刀具的表面会被硬化（0.03～0.05mm深，硬度为1000～1250HV）。由于该工艺表面变得硬而脆，渗氮刀具仅在相当有限的条件下，适合加工不通孔螺纹和回切，在含磨粒材料（如铸铁、球墨铸铁、铸铝、复合塑料）时，刀具寿命都将显著提高
渗氮和蒸汽处理		刀具表面先渗氮后蒸汽处理，这使刀具表面既提高了硬度，又加强了润滑传递效果
硬铬涂层	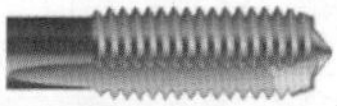	硬铬表面硬度可达1200～1400HV，这使得其有极佳的耐磨性，涂层厚度为2～4μm。刀具寿命能显著提高，特别对于有色金属和热塑性塑料，然而不推荐这种表面处理方法用于对钢材料的加工（切削温度经常超过250℃），这也许会导致硬铬层剥落

几何特征	TiN	TiN-T1	TiCN	TiAlN-T4	CRN	GLT-1	GLT-7	GLT-8
硬度HV 0.05	2300	3000	3000	3000	1750	3000	>2000	>2500
摩擦系数	0.4	0.4	0.4	0.4	0.5	0.2	0.15	0.1～0.2
工作温度/℃	<600	<400	<400	<800	<700	<800	300	350
涂层类型	PVD	PVD	PVD	PVD	PVD	PVD	PVD	CVD
涂层结构	纳米层	多层	多层	纳米结构	多层	纳米结构	多层	纳米层
涂层厚度/μm	2～4	2～4	2～4	2～4	2～6	2～4	2～4	2～4
颜色	金黄	金黄	蓝灰	紫灰	银灰	深灰	黑灰	黑灰
金相								

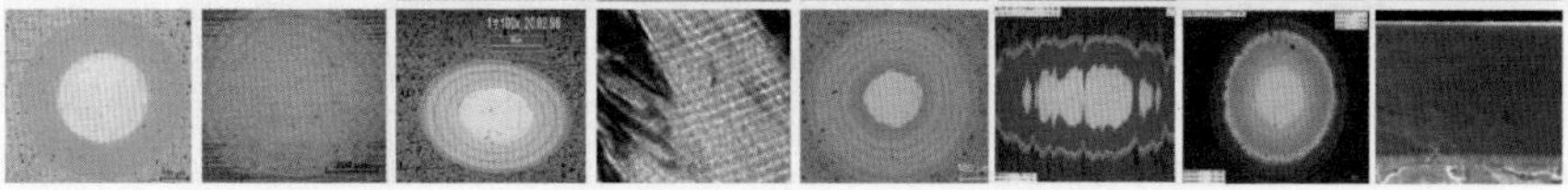

图 2-6　几种常见的丝锥涂层（图片素材源自埃莫克法兰肯）

▶ 2.1.2　丝锥的使用方法分类

按丝锥的使用方法分类，可以将丝锥分为切削丝锥和挤压丝锥两大类。

■ 切削丝锥

◆ 根据总体结构分类

根据丝锥的总体结构，丝锥可分为整体丝锥和模块化丝锥，如图2-7所示。

模块化丝锥多由硬质合金的丝锥头和钢制的刀杆组成。

◆ 根据柄部形式分类

根据柄部形式的不同，丝锥一般分为粗柄丝锥和细柄丝锥。细柄丝锥是指柄部的直径小于螺纹的小径，即刀具的柄部不会与螺纹的小径发生干涉现象的丝锥。粗柄丝锥和细柄丝锥如图2-8所示。

◆ 根据容屑空间分类

根据容屑空间，丝锥一般分为直槽丝锥、螺旋槽丝锥和内容屑丝锥三种（图2-9）。直槽丝锥和螺旋槽丝锥都依靠容屑槽来排屑，而内容屑丝锥则依靠丝锥端部专门设置的容屑空间来储藏切屑。

◆ 根据冷却方式分类

根据丝锥本身是否带冷却结构，可以将丝锥分为不带内冷却结构（图2-10a）、带端面内冷孔（图2-10b）和带容屑槽内冷孔（图2-10c）三种方式。

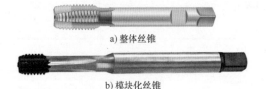

a) 整体丝锥

b) 模块化丝锥

图2-7　不同总体结构的丝锥（图片素材源自埃莫克法兰肯和利美特金工）

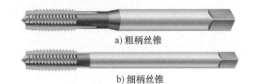

a) 粗柄丝锥

b) 细柄丝锥

图2-8　粗柄丝锥和细柄丝锥（图片素材源自埃莫克法兰肯）

直槽丝锥　　　　螺旋槽丝锥　　　　内容屑丝锥

图2-9　直槽丝锥、螺旋槽丝锥和内容屑丝锥（图片素材源自埃莫克法兰肯）

a) 不带内冷却结构　　　b) 带端面内冷孔　　　c) 带容屑槽内冷孔

图2-10　不同内冷却方式的丝锥（图片素材源自埃莫克法兰肯）

■ 挤压丝锥

挤压丝锥的分类与切削丝锥类似，按柄部形式也分为粗柄挤压丝锥与细柄挤压丝锥两种（图 2-11），而挤压丝锥的冷却方式主要分为无冷却油槽的挤压丝锥（图 2-12a）、带冷却油槽无冷却孔的挤压丝锥（图 2-12b）、带冷却油槽及端面内冷孔的挤压丝锥（图 2-12c）和带冷却油槽及槽内内冷孔的挤压丝锥（图 2-12d）四种。

a) 粗柄挤压丝锥 b) 细柄挤压丝锥

图 2-11　粗柄挤压丝锥和细柄挤压丝锥（图片素材源自埃莫克法兰肯）

a)　　　b)　　　c)　　　d)

图 2-12　四种冷却方式的挤压丝锥（图片素材源自埃莫克法兰肯）

2.2　切削丝锥选择的主要因素

▶ 2.2.1　切削丝锥选择的一般因素

切削丝锥选择的主要考虑因素如图 2-13 所示。

工件材料几乎是所有刀具选择时都要考虑的因素，在针对工件材料的考量中需要了解的包括工件材料的材料类型、材料编号、抗拉强度和硬度等指标。在后面的介绍中，会看到工件材料与刀具的材质、几何参数、丝锥的公差等级、表面处理、涂层以及冷却润滑都有密切的关系。

螺孔的形状与丝锥的选用也有很大关系。通孔或不通孔是一般最常见的说法，其实还可以进一步细分出一些不同的类型。

埃莫克法兰肯推荐的四种螺孔类型如图 2-14 所示，分别称为假通孔、通孔、带沉孔的不通孔和不通孔。而瓦尔特则将螺孔的类型分为六类，如图 2-15 所示，分别为短通孔、长通孔、通孔但带有角度的出口、不通孔但有足够的底孔深度、不通孔但底孔深度较小和深的不通孔。这些不同类型的螺孔的攻螺纹加工，主要与排屑有关。

螺孔直径和螺孔有效深度与丝锥的选用也是密切相关的。直径不言而喻，因为丝锥属于定尺寸刀具（即被加工件的尺寸主要由刀具的尺寸来决定），一个 M6 的螺孔是没有可能用 M5 的丝锥或 M8 的丝锥来加工的。有效深度也是如此。例如：螺孔有效深度较大的螺孔，如果选择粗柄丝锥来加工，那么当丝锥后端的柄部遇到孔口而被加工的螺孔有效深度还不够的话，螺孔加工的任务也是没有办法完全完成的。

工件材料

孔的类型

螺孔尺寸与公差

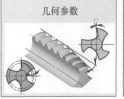

几何参数

表面处理和涂层

冷却润滑介质

冷却方式

刀柄类型

图 2-13　切削丝锥选择的主要考虑因素（图片素材源自埃莫克法兰肯）

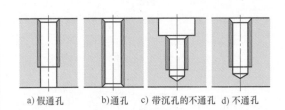

a)假通孔　　b)通孔　　c）带沉孔的不通孔　　d）不通孔

图 2-14　四种常见的螺孔类型
（图片素材源自埃莫克法兰肯）

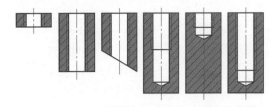

a)短通孔　b)长通孔　c)通孔但带有角度的出口　d)不通孔但有足够的底孔深度　e)不通孔但底孔深度较小　f)深的不通孔

图 2-15　六种常见的螺孔类型
（图片素材源自瓦尔特刀具）

2.2.2 切削丝锥的结构参数

前角

切削丝锥的主要切削角度如图 2-16 所示。切削丝锥的径向前角 γ_p 很大程度上决定了切屑的形成和卷曲，它的选择基本根据被加工材料的特性。在大多数情况下，这一前角的确定是根据经验值来进行的。总体而言，小前角的优点是有利于形成短屑实现切屑控制，切削刃强度高，因而适用于硬材料或短屑材料；而主要缺点是切削阻力大。大前角则生成螺旋形切屑，较利于自然排屑，这一点对于无内冷却结构而需要加工长屑材料的不通孔尤为重要，同时大前角意味着切削阻力小，但大前角刃口强度比较薄弱，容易造成崩刃（图 2-17c）。

丝锥轴向前角在后面介绍刃倾角时一并讨论。

图 2-17 所示为丝锥的前面形式：图 2-17a 为前面为平面；图 2-17b 为前面为曲面；图 2-17c 为四种典型前角及其切屑；图 2-17d 为在丝锥容屑槽背后的一个特殊的前角，这个"背前角"只在不通孔类丝锥切到位置开始反向旋转的一小阶段起作用。后面会讲到这个角度。

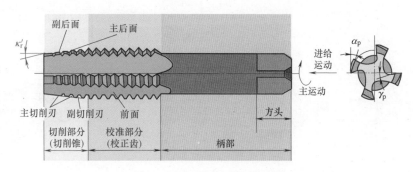

图 2-16　丝锥的主要切削角度

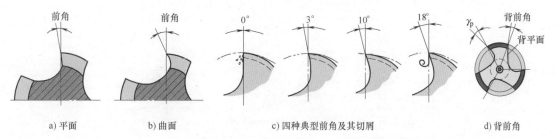

a) 平面　　　b) 曲面　　　c) 四种典型前角及其切屑　　　d) 背前角

图 2-17　丝锥的前面形式（图片素材源自欧仕机及瓦尔特刀具）

■ 后角

这里仅讨论径向后角 α_p，因为轴向后角 α_f 在大部分丝锥上差别极小。

丝锥的后角因制造工艺不同而有所不同。如图 2-18 所示，一种工艺所得到的后角在牙侧是存在的，而在牙顶则是不存在的（即牙顶没有后角，其从牙顶观察是牙顶的削平宽度仅前面处较大）；另一种工艺则是牙顶、牙侧有相同的径向后角，而从牙顶观察的牙顶削平高度是基本一致的。而后面的形成也有几种方式（图 2-19），0° 后角的圆柱后面常见于小直径的丝锥，带刃带复合铲磨的圆柱后面有较好的自定心能力，而数控加工多使用全铲磨后面结构。

丝锥后角的选择对刀具寿命影响很大。由于螺纹切削刀具在加工时必须受大进给量（每转进给量等于螺纹导程）的影响，所以后角的选择是非常重要的。在某种程度上，丝锥的后角决定了丝锥能否自由地切削，这一点与之后的丝锥切削过程也密切相关。丝锥的后角大小主要取决于被加工材料，但也会受加工类型、丝锥刀柄的影响。在后面形式和径向后角 α_p 确定的条件下，轴向后角 α_f 差别极小。

后角选择的原则大致是：为了在加工软材料时保证准确进给和自导向，不必选择过大的后角。

假通孔和不通孔应选用小后角，以免无法合适切除切屑残根。

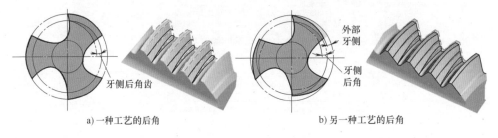

a) 一种工艺的后角　　　　　　b) 另一种工艺的后角

图 2-18　两种不同后角的丝锥（图片素材源自埃莫克法兰肯）

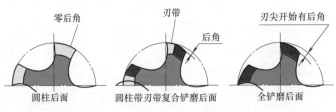

图 2-19　丝锥的后面形成方式（图片素材源自欧仕机）

对于类似于《数控孔精加工刀具选用全图解》中铰刀的孔径易收缩材料如不锈钢或者青铜，需要较大的后角，以留有足够的空间，减少后面与加工表面的摩擦，也使切削更为流畅。

如果机床传动是丝杠或同步主轴（加工中心上），推荐有较大后角的刀具。

大后角有助于减少摩擦，切削速度能更高一些，此外同样能提高刀具的寿命。

■ 主偏角 κ_r

由于丝锥的结构特性，现在大部分丝锥都只在丝锥前几牙的牙顶部分磨出了主偏角（图 2-20），即在切削锥上，只有大径是与完整牙型有差别的，而中径和小径与完整牙型完全一致。当然也有少量丝锥（尤其是手用丝锥）的切削锥采用连牙顶带牙侧和牙底一起修磨的方法，这部分的切削图形如图 2-21 所示，以切削锥为 1 牙的 3 槽为例，第 1 槽的刀齿去除约 50% 的余量，第 2 槽的刀齿去除约 30% 的余量，剩余的 20% 由第 3 槽的刀齿去除。由于这种结构基本不在机床尤其数控机床上使用，这里不再进行介绍。

图 2-22 为丝锥切削锥部分的切削图形。该图与图 2-21 类似，是极短的（仅 1 牙）切削锥长度（表 2-2）。用手机扫图 2-23 中二维码，就可以看到图 2-22 的动画演示。

在实际的切削锥中，切削层的厚度远比图 2-21 所示要小。图 2-24 所示为容屑槽数为 3 的 A 型 /E 型切削锥部分的切削图形，第一个容屑槽上的切削齿切去的是绿色的部分，第二个容屑槽上的切削齿切去的是深红

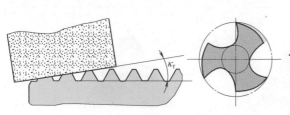

图 2-20　丝锥切削锥的行程（图片素材源自埃莫克法兰肯）

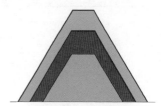

图 2-21　不等中径切削锥切削图形
（图片素材源自瓦尔特刀具）

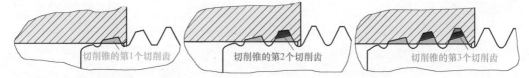

图 2-22　丝锥切削锥部分的切削图形（图片素材源自埃莫克法兰肯）

表 2-2　切削锥长度

类型	简图	主偏角 κ_r	应用说明
A 型	6～8牙	5°	短通孔（图 2-15a）
B 型	3.5～5.5牙	8°	长通孔（图 2-15b），中等到长的切屑
C 型	2～3牙	15°	短切屑，通孔、不通孔均可
D 型	3.5～5牙	8°	通孔或可带较长螺尾（较多不完整牙型，如图 2-15d 所示）的不通孔
E 型	1.5～2牙	23°	只能带较短螺尾（少量不完整牙型，如图 2-15e 所示）的不通孔

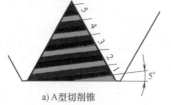

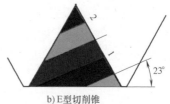

a) A 型切削锥　　　　　　　b) E 型切削锥

图 2-23　切削锥动画演示　　　图 2-24　容屑槽数为 3 的 A 型 /E 型切削锥部分的切削图形
（视频素材源自埃　　　　　　（图片素材源自瓦尔特刀具）
莫克法兰肯）

色的部分，而第三个容屑槽上的切削齿切去的是蓝色的部分。可以看到，主偏角较小（如 A 型的 5°）时，切削层较薄，丝锥的轴向分力较小；而主偏角较大（如 E 型的 23°）时，切削层较厚，丝锥的轴向分力较大。因为丝锥的径向分力理论上基本相互抵消，即合力基本为零，这里不做讨论。

但因为标准对切削锥长度的规定，许多厂商觉得过于宽泛（如 B 型的 3.5～5.5 牙），因此，各厂家会在标准规定的范围之内对实际的切削锥长度做微量的调整，如瓦尔特刀具调整为 3.5～5 牙，埃莫克法兰肯调整为 4～5 牙。

这里引出对丝锥切削刃的一个讨论。在图 2-16 中，引线引出了两个主切削刃，而在图 2-25 中，将这两个主切削刃进一步区分为第一主切削刃和第二主切削刃，即丝锥的切削锥上，第一主切削刃承担主要的切削任务，而第二主切削刃和副切削刃则承担相应的次要切削任务（切削锥越长，即主偏角越小，这部分的切削量就相对越少）。这一部分的主偏角和下一部分的刃倾角都是针对承担主要切削任务的第一主切削刃而讨论的。

■ 刃倾角 λ_s

之前提过要在此一并讨论轴向前角 γ_f，

丝锥的轴向前角 γ_f 有 0°、正值、负值三类，通常普通的直槽丝锥是 0° 的轴向前角（$\gamma_f=0°$），螺尖丝锥和左旋螺旋槽丝锥 $\gamma_f > 0°$（注意图 2-25 所示刀尖位置），而右旋螺旋槽丝锥 $\gamma_f < 0°$，如图 2-26 所示。

在《数控车刀选用全图解》中车刀的主偏角中就介绍过，刃倾角 λ_s 就是在主切削平面上测量的角，它与切屑的流向有关。在刃倾角的正负上，刀尖高于整个主切削刃的是正的刃倾角，这时切屑流向待加工表面（对丝锥则是丝锥头部方向）；刀尖低于整个主切削刃的就是负的刃倾角，切屑流向已加工表面（对丝锥则是丝锥尾部方向）。

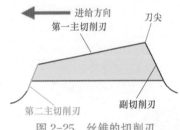

图 2-25　丝锥的切削刃

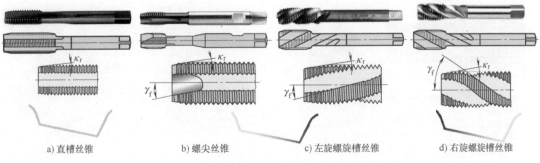

图 2-26　几种典型丝锥及轴向前角示意图

图 2-26 为几种典型丝锥及轴向前角示意，第一行的图为丝锥实物，第二行的图为丝锥示意图，第三行的图为轴向前角标注，第四行的图为切削锥的刃口高度示意（黄色为低端，红色为高端）。直槽丝锥刀尖点与整个第一主切削刃同样高，即刃倾角为 0°，而螺尖丝锥是在丝锥的前端做出了一个斜面，此时刀尖高于整个主切削刃，为正的刃倾角。左旋螺旋槽丝锥与螺尖丝锥在切削锥区域的刃口高差趋势一致，也是正的刃倾角；而右旋螺旋槽丝锥则与左旋螺旋槽丝锥正好相反，刀尖在整个切削刃的最低点，此时为负的刃倾角。而真正的刃倾角 λ_s 则应在切削平面内测量，如图 2-27 所示。

■ 槽形

与槽形相关的有三组参数：槽数、刃瓣宽与槽宽、心部直径。

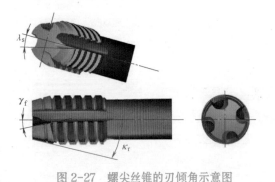

图 2-27　螺尖丝锥的刃倾角示意图
（图片素材源自埃莫克法兰肯）

◆ 槽数

容屑槽数量较多（图 2-28a）时有利于减轻每齿负荷，延长丝锥寿命，因此通常用于高强度材料；而容屑槽数量少（图 2-28b）时意味着容屑空间加大，利于排屑（由于切屑厚度的增加，切屑形状改善，避免缠屑），更多地用于软材料加工。

◆ 刃瓣宽与槽宽

在一定直径下，当丝锥的槽数确定之后，刃瓣宽 Z_b 与槽宽 N_b（图 2-29）就是两个相互制约的参数：刃瓣宽则槽窄，反之刃瓣窄则槽宽。在某种意义上，这与钻头的结构有类似之处，这里不再做过多分析，有兴趣的读者可以去阅读《数控钻头选用全图解》第 1 章第 4 节。不过，对丝锥而言，产生的切屑比钻孔时少了很多，只要切屑不缠绕，容屑一般并无问题。

◆ 芯部直径

芯部直径 d_5 主要与丝锥强度有关。一般而言，当丝锥槽数较多时，芯部直径也会较大，这也是多槽比较适于加工高强度材料的原因。

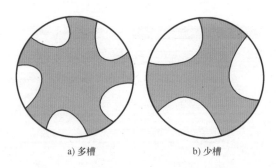

a) 多槽　　　　　b) 少槽

图 2-28　丝锥的槽数（图片素材源自瓦尔特刀具）

■ 柄部

◆ 柄部长度和柄部直径

丝锥的柄部通常应该在可用的范围内选用较短的和较粗的，但常常会受工件形状和机床所限（图2-30）。

◆ 方头

丝锥的方头是用于驱动丝锥旋转的结构。方头既可以在手动攻螺纹时使用（攻螺纹用的扳手可参见《数控孔精加工刀具选用全图解》中关于手用铰刀的扳手），也可以在数控加工中使用。

在数控加工中也可以用尾部带有方孔的ER弹簧套来夹紧，带方孔的ER弹簧套与普通弹簧套的对比（图2-31）：从带方孔的攻螺纹专用弹簧套小端看得见方孔，可以将丝锥的方头套在这个方孔里，以保证丝锥和主轴同步旋转。

这里要介绍一个不少人容易忽视的方头的尺寸。由于不同国家的丝锥标准不同，可能会有同样规格的丝锥的方头尺寸不一致的状况（如德国标准的方头尺寸与我国标准不同），选择带方孔的ER弹簧套或其他攻螺纹专用刀柄时务必要注意方头的尺寸，以免出现丝锥无法装入的尴尬局面，影响加工的正常进行。

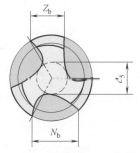

图2-29 丝锥的三个参数
（图片素材源自瓦尔特刀具）

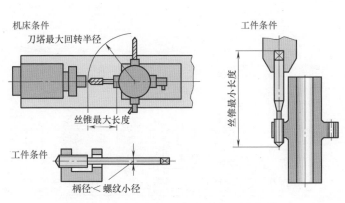

图2-30 机床和工件条件影响丝锥参数
（图片素材源自瓦尔特刀具）

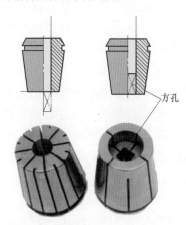

图2-31 攻螺纹弹簧套（右）
（部分图片素材源自埃莫克法兰肯）

37

▶ 2.2.3 丝锥的切削过程

丝锥的切削过程如图 2-32 所示，大致分为七个阶段，前三个阶段是主轴正转的阶段，后四个阶段是主轴反转的阶段。

第 1 阶段是切入阶段，丝锥开始如图 2-23 所示的视频那样切入工件，直至切削锥所有的切削齿切入工件。这一阶段转矩直线上升。

第 2 阶段为稳定切削阶段，丝锥切削转矩不仅由切削齿产生，而且随着校正齿（图 2-16）的切入，校正齿的摩擦力会导致转矩略有增加。

第 3 阶段为止动阶段，随着主轴停止而切削停止，此时切削转矩降为零（此时丝锥与切屑的关系如图 2-33a 所示）。

第 4 阶段开始反退，在齿背将残余的切屑剪断之前，只有很小的反向转矩（此时丝锥与切屑的关系如图 2-33b 所示）。

第 5 阶段用背前角（图 2-17d）开始剪切残余的切屑（此时丝锥与切屑的关系如图 2-33c 所示），此时反向转矩会增加。

第 6 阶段丝锥的齿背挤压

残留的切屑末梢，期待的结果是切屑被完全剪断。这一过程由于需要丝锥的背前角或切或挤，迫使切屑被切断或挤断，这使转矩急剧上升，但此时丝锥处于最危险的阶段，因为如果残留的切屑末梢未被切断而倒伏，或者切断或挤断的残根太高，会对丝锥后面产生破坏作用，甚至卡住丝锥头部而使整个丝锥被拧断。

第 7 阶段为丝锥脱离阶段，如果切屑残根处理干净，此时丝锥与工件之间为滑动摩擦，转矩会逐渐变为零，整个攻螺纹过程宣告结束。

如果是通孔加工，就不需要考虑反转时对残留切

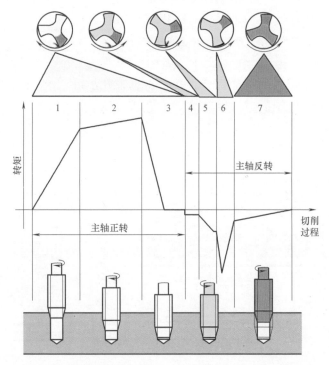

图 2-32 丝锥的切削过程（图片素材源自埃莫克法兰背）

a) 停切　　　b) 脱离　　　c) 反切

图 2-33　丝锥与切屑的关系
（图片素材源自瓦尔特刀具）

屑末梢的处理，攻螺纹过程比较简单，没有 5、6 两个阶段。这样就比较容易理解埃莫克法兰肯要将图 2-14a 称为"假通孔"，其开始正常切削与通孔类似，但由于螺纹深度不到通孔深度，在达到螺纹深度后依然需要反转处理切屑残留的末梢。这样的"假通孔"排屑可以按通孔设计（如采用螺尖结构），而后角以及丝锥切削刀瓣的背前角部分仍然要像不通孔丝锥那样考虑反转的断屑问题。

　　表 2-2 中的 B 型与 D 型看上去相差不大，关键在于 B 型只适用于通孔，即 B 型的丝锥不用考虑反转断屑问题，而 D 型则既可用于通孔也可用于不通孔，它考虑了反转断屑的问题。

▶ 2.2.4　几种特别的切削丝锥

■ 跳牙丝锥

　　跳牙丝锥通常在丝锥的校正齿部分沿刀齿螺旋线方向相间磨去一齿（图 2-34），跳牙主要是有助于减少齿侧摩擦，能减少切削阻力，防止丝锥断裂，也更有利于切

削液对摩擦表面的润滑。它主要是应用于加工高温合金、钛合金以及不锈钢等易产生大量摩擦热的材料。

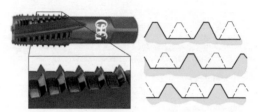

图 2-34　跳牙丝锥（图片素材源自欧仕机）

■ 带倒锥的丝锥

　　图 2-35 为带倒锥的丝锥，在图中左侧的放大图中可以分辨出，该倒锥只在丝锥校正齿的齿顶部分制出。这种带倒锥的丝锥可减少丝锥校正齿的大径与螺孔大径之间的摩擦，使切屑不易堵塞。

■ 钻攻复合丝锥

　　钻攻复合丝锥就是将钻丝锥底孔与攻螺纹的丝锥做成一把刀具（图 2-36），它主要应用于加工短通孔（图 2-15a），在攻螺纹开始前钻头必须完成加工工作（整个钻尖从工件底部脱离），因为钻头和丝锥的切削速度和进给量相差都很大，两者无法同时工作。

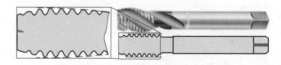

图 2-35　带倒锥的丝锥
（图片素材源自埃莫克法兰肯）

图 2-36 钻攻复合丝锥
（图片素材源自埃莫克法兰肯）

图 2-37 带引导部的丝锥
（图片素材源自埃莫克法兰肯）

■ **带引导部的丝锥**

带引导部的丝锥如图 2-37 所示。这种丝锥主要用于手动攻螺纹，数控机床上不应选用。

■ **模块化切削丝锥**

图 2-38 为带有容屑槽的模块化切削丝锥。这种丝锥多使用硬质合金的丝锥头和钢制的刀杆。

虽说硬质合金丝锥的切削速度比高速钢丝锥高很多，但硬质合金材质的特点是硬度很高而韧性不足，丝锥在完成切削后的反转退刀过程中非常需要利用高的韧性

图 2-38 带有容屑槽的模块化切削丝锥
（图片素材源自利美特金工）

来避免丝锥的断裂，即使采用含钴量较高的高韧性硬质合金来制造整体硬质合金丝锥，也常常难以满足系列化生产中不断提高的可靠性要求，丝锥在工件中的断裂常会造成工件的报废，因此丝锥中高速钢材料仍然占 90% 左右。

模块化切削丝锥使用了耐磨性硬质合金丝锥头和具有高韧性的钢制刀杆，两者通过放射状的多个三角棱接合。这种放射状的接口依靠形状的约束，不会发生打滑现象，对于传递转矩而言非常有效。

与高速钢刀具相比，使用钢制刀杆和硬质合金丝锥头的组合能达到两倍的切削速度，因此生产周期和与此相关的机器费用大幅下降，有利于高效生产，这对降低加工成本会有帮助。

这种结构在丝锥头的寿命结束时，只需更换丝锥头便可继续使用。对于长悬伸螺纹来说，使用这种结构也是非常经济的。

这种丝锥的沟槽结构，要求丝锥头与刀杆的直径、槽数甚至沟槽的形状尺寸都一致才能保证顺利排屑，并非能换太多类型的丝锥头。

使用这种丝锥时，不仅需要确保丝锥头和刀杆的编号对应，而且安装时需要对准容屑槽，如图 2-39 所示。在每次更换丝锥头时，需先分别清洁丝锥头和刀杆的接合面，然后使用原始供应商推荐的锁紧螺钉，并按供应商推荐的力矩拧紧螺钉。

1.将螺钉插入硬质合金丝锥头

2.硬质合金丝锥头预定位并旋转直至正确位置的凹槽(参见2a或2b)

2a.硬质合金丝锥头错误安装

2b.硬质合金丝锥头正确安装

3.使用TorqueFix扳手拧紧螺钉

图 2-39　模块化切削丝锥安装指南（图片素材源自利美特金工）

▶ 2.2.5　丝锥的公差

加工螺孔除了必须按照螺孔的大径、螺距、螺孔类型（图 2-14 和图 2-15）选择相应的丝锥主要规格以外，还必须按照螺孔规格来选取丝锥的螺纹公差等级。

■ 普通螺纹的公差

首先介绍一下螺纹公差。

在本书 1.1.4 节介绍了一些螺纹的基本参数，如大径、小径、中径、螺距和牙型半角等，这些偏差将影响螺纹的旋合性、接触高度和连接的可靠性，从而影响螺纹接合的互换性。

对螺纹的大、小径偏差，为了使实际旋合的螺纹避免在大、小径处发生干涉而影响螺纹的旋合性，在制定螺纹公差时，要保证在大径和小径的接合处具有一定量的间隙（图 1-15 的施必牢螺纹除外）。这些公差与一般的圆柱体公差并没有本质的区别。

而螺纹中径偏差、螺距偏差及牙型半角偏差是使螺纹接合产生干涉而无法旋合的主要因素。在本书 1.1.4 节的图 1-31b 已经介绍了牙型半角偏差对作用中径（反映了螺纹旋合性）的影响，因此常规的螺纹中径检测就是用作用中径保证螺纹的旋合性（通规），用单一中径保证螺纹的强度（止规）。

图 2-40 为普通螺纹的内螺纹公差带位置。图 2-40 的下方是公差带位置示意：H公差的基本偏差为 0，而 G 公差的位置高于零线半个基本偏差（EI）。在图 2-40 的上方，沿着螺纹表面画出的公差带示意也说明了 G 公差的位置高于 H 公差。

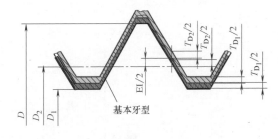

图 2-40　普通螺纹的内螺纹公差带位置

但丝锥也是定尺寸刀具，它的公差也要考虑孔的扩张或收缩，这与铰刀的公差原理是同样的（参见《数控孔精加工刀具选用全图解》中的图 2-25），加上考虑螺距及牙型半角对中径的影响，丝锥的中径偏差要小于内螺纹的偏差（图 2-41a）。

图 2-41b 所示为国家标准的丝锥公差配置图，H1、H2 和 H3 共 3 个丝锥公差等级与国际标准的 1 级、2 级和 3 级完全相同（原标准还有适用手用丝锥的 H4 级公差，因不适用于数控加工而略去）；图 2-41c 所

示为德国埃莫克法兰肯公司的切削丝锥公差配置，其用与螺纹相同或相近的代号来表示，如 6H 的丝锥用于加工 6H 精度的螺纹，而 6HX 则是针对铸铁、铝件等螺孔收缩量与常规钢件相差较大的材料设置的，公差带位置有些上移（图中原来还有挤压丝锥的，放在本书 2.3 节中介绍而在此省略）；图 2-41d 中涉及日本标准（图中标为 JIS 丝锥精度）及欧仕机公司自身的切削丝锥公差配置（图 2-41c、d 所示实质上仅以 M10 普通螺纹的公差带为例）。

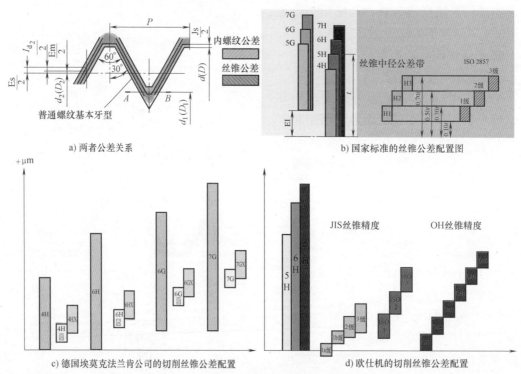

a) 两者公差关系　　　　　　　　　　b) 国家标准的丝锥公差配置图

c) 德国埃莫克法兰肯公司的切削丝锥公差配置　　　d) 欧仕机的切削丝锥公差配置

图 2-41　普通螺纹的内螺纹与丝锥公差

2.2.6　切削丝锥的使用

■ 切削速度与转矩、功率

丝锥的切削速度与许多因素有关，如工件材料、丝锥材质、螺孔的几个参数（类型、直径、螺纹深度）、直槽或螺旋槽丝锥、丝锥的几个长度（切削锥长度、螺纹长度）等。

图2-42是埃莫克法兰肯与肯纳金属一些丝锥（方框内为型号和材料牌号）针对一些典型材料的近似切削速度，黑色粗体的是粉末冶金高速钢的材质，红色粗体的是硬质合金的材质，黑色非粗体的是非粉末冶金高速钢。这里选的是2～2.5倍的不通孔，丝锥为不带冷却孔的。

丝锥的切削速度是直接关系到丝锥转矩与功率的重要因素，从而也是丝锥在攻螺纹中折断的直接关联因素。

丝锥的转矩 M_c 可按式（2-1）计算，即

$$M_c = \frac{k_c P^2 D}{8000} \qquad (2\text{-}1)$$

式中　k_c——被加工材料切削系数（MPa），见表2-3；

　　　P——螺距（mm）；

　　　D——螺纹大径（mm）。

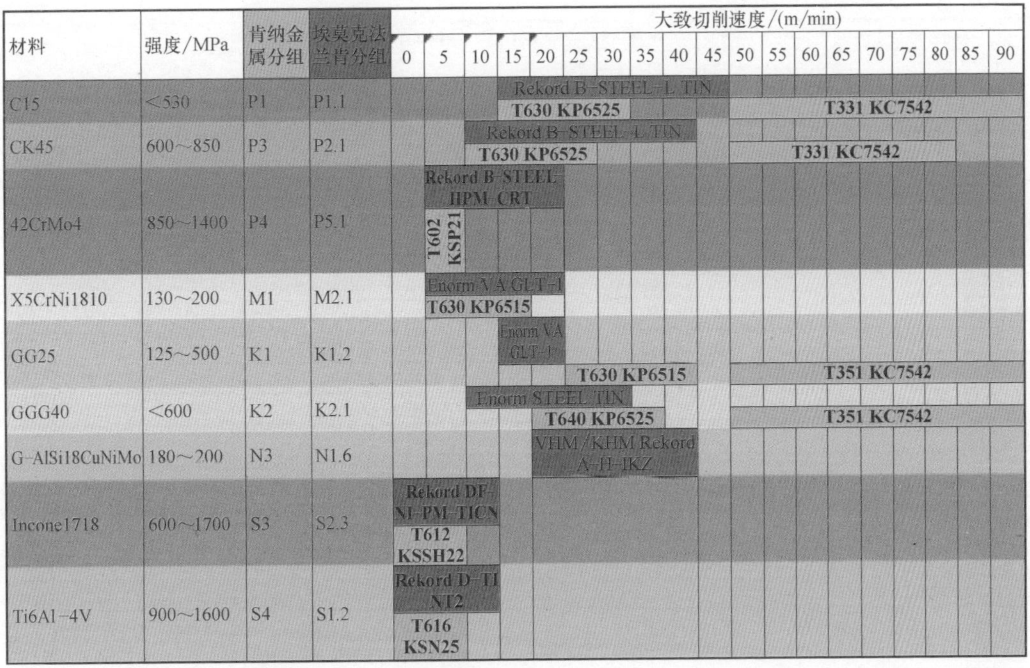

材料	强度/MPa	肯纳金属分组	埃莫克法兰肯分组	大致切削速度/(m/min)（0～90）
C15	<530	P1	P1.1	Rekord B-STEEL-L TIN / **T630 KP6525**（约5~45）；**T331 KC7542**（约50~80）
CK45	600~850	P3	P2.1	Rekord B-STEEL-L TIN / **T630 KP6525**（约10~45）；**T331 KC7542**（约55~80）
42CrMo4	850~1400	P4	P5.1	Rekord B STEEL HPM-CRT / **T602 KSP21**（约10~25）
X5CrNi1810	130~200	M1	M2.1	Enorm VA GLT-1 / **T630 KP6515**（约5~25）
GG25	125~500	K1	K1.2	Enorm VA GLT-1 / **T630 KP6515**（约15~45）；**T351 KC7542**（约50~80）
GGG40	<600	K2	K2.1	Enorm STEEL TIN / **T630 KP6525**（约20~45）；**T351 KC7542**（约55~80）
G-AlSi18CuNiMo	180~200	N3	N1.6	VHM/KHM Rekord A-H-IKZ（约20~45）
Incone1718	600~1700	S3	S2.3	Rekord DF-NI-PM-TICN / **T612 KSSH22**（约0~15）
Ti6Al-4V	900~1600	S4	S1.2	Rekord D-TI NI2 / **T616 KSN25**（约0~15）

图2-42　一些典型材料的切削速度（数据素材源自埃莫克法兰肯和肯纳金属）

表 2-3　被加工材料切削系数

材 料			抗拉强度 /MPa	被加工材料切削系数 /MPa
		钢件材料	抗拉强度 /MPa	被加工材料切削系数 /MPa
P	1.1	冷轧钢 结构钢 易切钢等	≤ 600	2300
	2.1	结构钢 渗碳合金结构钢 铸钢等	≤ 800	2500
	3.1	渗碳合金结构钢 调质钢 冷作工具钢等	≤ 1000	2600
	4.1	调质钢 冷作工具钢 渗氮钢等	≤ 1200	3000
	5.1	高合金钢 冷作工具钢 热作工具钢等	≤ 1400	3600
M		不锈钢材料	抗拉强度 /MPa	
	1.1	铁素体结构、马氏体结构	≤ 950	3200
	2.1	奥氏体结构	≤ 950	3200
	3.1	奥氏体 - 铁素体结构（双相）	≤ 1100	3200
	4.1	奥氏体 - 马氏体耐热钢（超双相）	≤ 1250	4000
K		铸铁材料	抗拉强度 /MPa	
	1.1	片状石墨铸铁（GJL）	100 ～ 250	1600
	1.2		250 ～ 450	1600
	2.1	球墨铸铁（GJS）	350 ～ 500	2400
	2.2		500 ～ 900	2400
	3.1	蠕墨铸铁（GJS）	300 ～ 400	2500
	3.2		400 ～ 500	2500
	4.1	可锻铸铁（GTMW、GTMB）	250 ～ 600	2700
	4.2		500 ～ 800	2700
N		有色金属		
		铝合金	抗拉强度 /MPa	
	1.1	锻铝合金	≤ 200	680
	1.2		≤ 350	680
	1.3		≤ 550	680
	1.4	铸铝合金	Si（质量分数）≤ 7%	680
	1.5		7% ＜ Si（质量分数）≤ 12%	680
	1.6		12% ＜ Si（质量分数）≤ 17%	680

材 料			抗拉强度 /MPa	被加工材料切削系数 /MPa
	铜合金		抗拉强度 /MPa	
	2.1	纯铜、低合金铜	≤ 400	1100
	2.2	铜锌合金（黄铜，长屑）	≤ 500	720
	2.3	铜锌合金（黄铜，短屑）	≤ 550	720
	2.4	铜铝合金（铝青铜，长屑）	≤ 800	1900
	2.5	铜锡合金（锡青铜，长屑）	≤ 700	1900
	2.6	铜锡合金（锡青铜，短屑）	≤ 400	1900
	2.7	特殊铜合金	≤ 600	1400
	2.8		≤ 1400	1400
	镁合金		抗拉强度 /MPa	
N	3.1	锻镁合金	≤ 500	750
	3.2	铸镁合金	≤ 500	750
	合成材料			
	4.1	热固性塑料（短屑）		500
	4.2	热塑性塑料（长屑）		500
	4.3	纤维强化合成材料（纤维体积含量≤30%）		500
	4.4	纤维强化合成材料（纤维体积含量＞30%）		500
	特殊材料			
	5.1	石墨		480
	5.2	钨铜合金		480
	5.3	混合材料		480
	特殊材料			
	钛合金		抗拉强度 /MPa	
	1.1	纯钛	≤ 450	4000
	1.2	钛合金	≤ 900	4000
	1.3		≤ 1250	4000
	镍基合金、钴基合金和铁基合金		抗拉强度 /MPa	
S	2.1	纯镍	≤ 600	4000
	2.2	镍基合金	≤ 1000	4000
	2.3		≤ 1600	4000
	2.4	钴基合金	≤ 1000	4000
	2.5		≤ 1600	4000
	2.6	铁基合金	≤ 1500	4000
	硬材料		硬度 HRC	
	1.1	高抗拉强度钢、淬硬钢、硬铸铁	44 ～ 50	4100
H	1.2		50 ～ 55	4700
	1.3		55 ～ 60	5000
	1.4		60 ～ 63	5200
	1.5		63 ～ 66	5200

功率 P_c 则按式（2-2）计算，即

$$P_c = \frac{M_c n}{9550\eta} \qquad (2\text{-}2)$$

式中　M_c——式（2-1）计算出的转矩（N·m）；

　　　n——丝锥转速（r/min）；

　　　η——机床传动效率。

计算示例：被加工材料为 40Cr 钢，抗拉强度约为 980MPa，螺纹规格为 M64×4-6H，切削速度 v_c 为 6m/min（n=30r/min），机床效率 η 为 0.6。

查表 2-3 得 k_c=2600MPa，代入式（2-1）得

$$M_c = \frac{k_c P^2 D}{8000} = \frac{2600 \times 4^2 \times 64}{8000} \text{N·m}$$
$$= 332.8 \text{N·m}$$

再将 M_c=332.8N·m 代入式（2-2）得

$$P_c = \frac{M_c n}{9550\eta} = \frac{332.8 \times 30}{9550 \times 0.6} \text{kW} \approx 1.74 \text{kW}$$

在丝锥磨损和瞬时铁屑堵塞等情况下，实际数据是理论计算数据的约 3 倍。这是因为除了铁屑排出状况之外，影响切削转矩和性能的因素还有刀具几何角度、刀具涂层、底孔大小以及润滑等。

因此在示例中机床功率计算应该是：3×1.74kW=5.22kW。

■ 影响丝锥使用的若干因素

◆ 底孔的选择

切削丝锥的底孔，理论上是螺纹小径，即普通米制螺纹不考虑公差的话是在大径上减去约 1.08 个螺距，此时的牙型完整度应该是 100%。但试验表明，这样的底孔会使丝锥转矩比较大，从而可能降低丝锥的使用寿命。图 2-43 是日本欧仕机进行的一个底孔与丝锥转矩关系的试验（其中被加工材料按我国牌号进行了替换），理论上该螺孔的底孔应为 ϕ8.377mm，当将底孔有所放大时，随着牙型完整度降低的同时，切削转矩也随之减小。

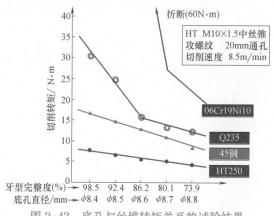

图 2-43　底孔与丝锥转矩关系的试验结果
（图片素材源自欧仕机）

螺纹牙型的完整度可用式（2-3）计算，即

$$完整度 = \frac{D_1 - D_0}{2 \times 牙型高度} \times 100\% \qquad (2\text{-}3)$$

式中　D_1——内螺纹大径；

　　　D_0——底孔直径。

牙型高度依据不同螺纹有所区别，米制普通螺纹该尺寸约为螺距的 0.54 倍。

◆ 切削速度的选择

丝锥的切削速度是直接影响丝锥寿命的因素。图 2-44 是欧仕机用攻丝机在 HT250 灰铸铁和 45 钢上加工 M6、10mm 深通孔螺纹的对比，所用丝锥为普通高速钢粗牙直槽丝锥（切削锥 5 牙），底孔大小为 5mm，切削液为切削油。

丝锥的切削速度对切屑形态也有很大影响。欧仕机用 M16 粗牙的 EX-SFT 螺旋槽丝锥（丝锥材质为钴高速钢，精度为 OH2 级）在卧式加工中心上，使用切削油加工 25mm 深的不通孔，底孔大小为 ϕ15mm，在分别用 1m/min、2m/min、5m/min、7.5m/min、10m/min、12.5m/min、15m/min 和 20m/min 共八种切削速度试验之后，其结论是

7.5～12.5m/min 时切屑状态相对稳定，如图 2-45 所示。

◆ 切削锥长度

切削锥长度也是直接影响丝锥寿命的因素。图 2-46 为切削锥长度与丝锥寿命关系的试验结果。该试验欧仕机采用 EX-SFT

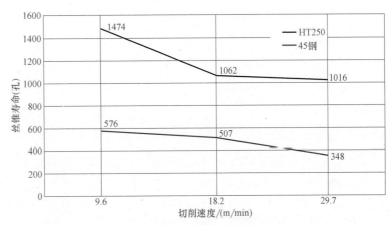

图 2-44　切削速度与丝锥寿命关系的试验结果（图片素材源自欧仕机）

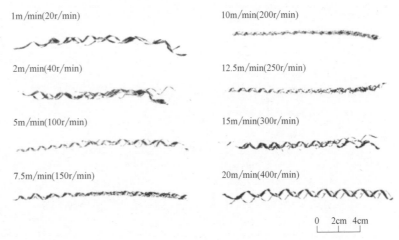

图 2-45　切削速度与切屑形态的试验结果（图片素材源自欧仕机）

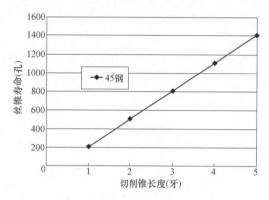

图 2-46　切削锥长度与丝锥寿命关系的试验结果
（图片素材源自欧仕机）

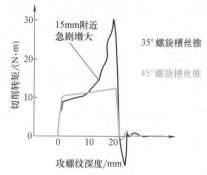

图 2-47　丝锥螺旋角对丝锥切削转矩的影响
（图片素材源自欧仕机）

的 M10 粗牙螺旋槽丝锥，在数控钻床上对 45 钢攻深度为 20mm 的螺孔（通孔），底孔大小为 ϕ8.5mm，转速 n 为 315r/min（切削速度 v_c 为 9.9m/min），切削液为切削油。可以看到，切削锥牙数越多，丝锥的寿命越长，这是因为较长的切削锥使得每个切削齿上的切削厚度变薄（图 2-24），切削齿的负荷减少，刀具寿命得到改善。

◆ 丝锥螺旋角的影响

M10 粗牙螺旋槽丝锥在进行不通孔的深孔加工时，丝锥螺旋角对丝锥切削转矩的影响，如图 2-47 所示。35°螺旋槽丝锥在攻螺纹深度至 15mm 时转矩急剧增大，峰值几乎达到正常值的 3 倍，相对而言，45°螺旋槽丝锥的转矩平稳很多。

螺旋角在切削时会对工件产生一个轴向分力，那么工件对丝锥也会产生一个大小相等、作用方向相反的反作用力。这一反作用力在具有轴向补偿功能（所谓"柔性攻螺纹"）的刀柄上可能造成一个螺纹牙型的损害。这一点在稍后的"攻螺纹刀柄的选择"中进行介绍。

◆ 螺尖丝锥

用 M10 粗牙螺尖丝锥（欧仕机的 EX-POT）以切削速度 8m/min 和油性切削液（切削油）加工类似于 T8Mn 碳素工具钢（日本牌号 SK5）时的切削转矩情况如图 2-48 所示，结果表明螺尖丝锥切削性能好，转矩小而且稳定，因此加工出的螺孔精度也比较稳定。

◆ 丝锥其他因素综合影响

因为影响丝锥使用的各种因素很多，如不同的材质、加工条件等，所以丝锥厂商会推出一些组合，用简单的代号表示丝锥，其包含了几何角度、涂层等种种因素。埃莫克法兰肯针对一些场合推荐了丝锥列表（图 2-49），其他厂商也可能有类似的列表，读者选用时可以参考这一列表。

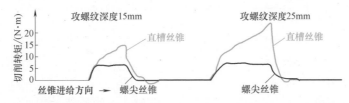

图 2-48　螺尖丝锥加工类似于 T8Mn 碳素工具钢（日本牌号 SK5）时的切削转矩情况
（图片素材源自欧仕机）

代号	应用场合	表面处理	前角	代号	应用场合	表面处理	前角
MG	镁及镁合金	GLT-1	5°～9°	HCUT	淬硬材料	TiCN	7°～11°负值
MS	黄铜（短屑类）	黑色	3°～7°	Z	中碳钢至奥氏体不锈钢,CNC加工	黑色/TiN/TiCN/GLT-1	11°～15°
GAL	铸铝（短屑类）	TiCN	5°～9°	WM-F-TIC	高抗拉强度材料	NT	0°～3°
AL	锻铝（长屑类）	黑色/GLT-8	18°～22° /11°～15°	SYNCHRO	同步主轴加工	TiN-T1	10°～15°
GG	铸铁	NT/TiN/TiCN	5°～9°	S	高速加工	TiN/TiCN	5°～9° /11°～16°
VA	不锈钢（长屑类）	黑色/NT/TiN	7°～11°	ÖKO	干切削和少量润滑(MQL)	TiN/TiCN	5°～9° /11°～16°
TI	钛合金和CrNi合金	NT2/TiCN	2°～6°	FK	短类人工材料	黑色	0°～3°
NI	镍及镍合金	TiCN	0°～4°负值	TiLEG	钛合金 等级5	TiCN	3°～19°负值
MULTI	大多数材料,通用材料	NE2/TiN	7°～11°	PVC	热塑性塑料（长屑）		11°～15°
W	软材料	黑色/NE2/GLT-8	13°～17°	GJV	铸铁(GJV，ADI)	TiCN	0°～3°
H	短屑类,硬材料	NT/TiCN	5°～9°				

图 2-49　各种代号丝锥及其应用场合、表面处理和前角（图片素材源自埃莫克法兰肯）

◆ 切削液的选择

丝锥的切削液在总体上分为油性和非油性两个大类，大致性能见表 2-4（因为存在各种添加剂，其实同一类里差别还是不小的），其中渗透性是指将切削液带入切削区域的能力。

表 2-4　切削液的分类和性能

性能	油性切削液（切削油）				非油性切削液	
	润滑脂	矿物油	非活性极压油	活性极压油	乳化型	合成型
润滑性	◉	○	◉	◉	○	△
抗黏结性	◉	△	○	◉	—	—
冷却性	△	○	○	○	◉	◉
渗透性	◉	◉	◉	◉	△	○
防锈性	◉	◉	◉	○	△	△
防火性	○	△	△	△	◉	◉

注：◉代表优，○代表良，△代表可以，—代表不佳。活性极压油在常温状态（丝锥加工绝大部分均属于常温状态）下起作用，油膜不易破裂；而非活性极压油在切削温度升高后才会使油膜不易破裂。丝锥的非油性切削液多为半合成型，全合成型极少使用。

有些丝锥厂家也直接提供各种专用于丝锥的切削液，如埃莫克法兰肯就提供 3 类 6 种型号的不同类型切削液（图 2-50）。

图 2-51 则是 OSG 使用非油性切削液（乳化液）、活性极压油性切削液和特殊的高活性极压油性切削液三种不同的切削液，用 M6 OH2 级螺尖丝锥，以 11.3m/min 的切削速度加工硬度为 85 ～ 87HRB 的镍铬型医用不锈钢（俗称 304 不锈钢）时的丝锥寿命对比，丝锥寿命判据为丝锥牙侧与螺纹发生黏结。可以看到，在这个针对不锈钢这种易发生黏结的材料做的试验中，特殊的高活性极压油性切削液有极好的表现（需要说明的是其中一个丝锥加工至 1000 孔尚未发生丝锥牙侧与螺纹的黏结），而乳化液的表现显得相对不太令人满意。

而在针对普通材料如 45 钢的加工中，采用乳化液时其浓度对丝锥寿命也有很大影响。图 2-52 为乳化液浓度与丝锥寿命的关系（M6OH2 粗牙螺纹丝锥，切削速度 v_c=5.9m/min），而图 2-53 为切削液浓度与切削转矩的关系。

No.	类别	应用范围
1	油性	用于非合金和低合金的钢件加工 用刷子润滑或循环润滑 不适合轻金属和非铁素体金属的加工
2		球墨铸铁和马氏铸铁，抗拉强度低于900MPa的钢件加工 用刷子润滑或循环润滑
3	非油性	仅用于乳化液(混合比1∶8)，可适合所有材料，同样适合挤压加工 不能用浓缩液
4	油性	用于轻金属和非铁素体金属及其合金 用刷子润滑或循环润滑
5		用于韧性和难加工材料，特别适合挤压螺纹 用刷子润滑或循环润滑
6	脂类 (攻丝膏)	用于韧性和难加工材料，特别适合挤压螺纹 仅用于刷子润滑，特别可用于卧式加工，大螺纹和通孔螺纹的加工

图 2-50　各种丝锥切削液
（图片素材源自埃莫克法兰肯）

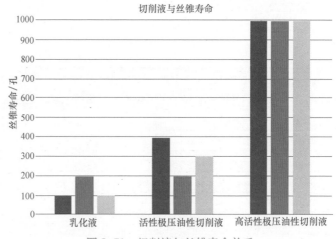

图 2-51　切削液与丝锥寿命关系
（图片素材源自欧仕机）

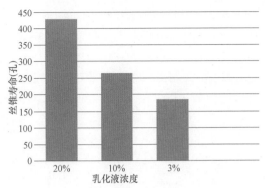

图 2-52　乳化液浓度与丝锥寿命的关系
（图片素材源自欧仕机）

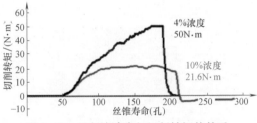

图 2-53　切削液浓度与切削转矩的关系
（图片素材源自埃莫克法兰肯）

■ **攻螺纹刀柄的选择**

◆ **柔性攻螺纹刀柄**

数控机床攻螺纹刀柄早期多采用柔性攻螺纹刀柄。所谓柔性攻螺纹，是指机床主轴的转速与轴向进给并不始终保持匹配，主要在机床主轴的起动和停止阶段。这时，丝锥会比要求的多进给一点或少进给一点，从而可能造成螺纹牙型的破坏（扫描图2-54 所示的二维码可以看到这种破坏的演示视频）。

为了避免这种情况，就产生了一种带有轴向浮动功能的攻螺纹刀柄。

柔性攻螺纹刀柄一般都带有快换结构，常用的两种快换卡套为带转矩过载保护的快换卡套和不带转矩过载保护的快换卡套。图 2-55b ～ d 都是带转矩过载保护的快换卡套。所谓快换，就是通过简单的向后推卡套的方式就可以从刀柄上卸下卡套，装上卡套也只需要拿着带刀具的卡套直接插入刀柄孔中即可。柔性攻螺纹刀柄与快换卡套的组合件如图 2-56 所示。

图 2-54　进给造成牙型破坏
（视频素材源自埃莫克法兰肯）

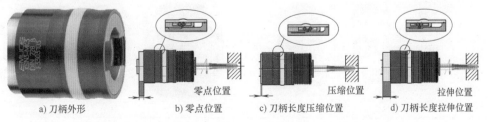

a) 刀柄外形　　　b) 零点位置　　　c) 刀柄长度压缩位置　　　d) 刀柄长度拉伸位置

图 2-55　柔性攻螺纹刀柄（图片素材源自埃莫克法兰肯）

但这种刀柄如果在刚性攻螺纹中被用于螺旋槽丝锥，则也会由于螺旋槽丝锥的轴向分力对螺纹牙型产生如同图 2-54 视频所示的破坏。因此，螺旋槽丝锥不建议使用柔性攻螺纹刀柄。

◆ 刚性攻螺纹刀柄

所谓刚性攻螺纹，是指丝锥在加工的过程中（包括起动和停止阶段）严格执行主轴一转与螺纹一个导程匹配的加工方法。刚性攻螺纹刀柄没有任何的轴向浮动。图 2-31 所示的带方孔的弹簧套就是一般用于刚性攻螺纹的。

◆ 亚刚性攻刀柄

丝锥本身的导程存在很小的制造偏差，机床的编程由于二进制的原因也会使编程与实际轴向累计进给距离产生误差，加上螺旋角或刃倾角产生的轴向力，就使完全刚性攻螺纹时，由于丝锥一侧的受力比另一侧大得多，工件的一侧牙面与螺纹刀具

摩擦将最终导致材料积屑瘤，缩短刀具寿命；螺纹一侧的牙型角变小从而造成螺纹精度不合格。因此，产生了一种仅具有极小补偿量（又称为微量补偿）的亚刚性攻螺纹的刀柄（图 2-57）。图 2-57 所示的这种刀柄主要的弹性来自 A 处的人造橡胶弹性元件，B 处的球轴承则确保转矩得到完全传递；C 处连接了主轴与丝锥，而 D 处则可以为压力约 5MPa 的切削液提供内冷通道。

由于采用亚刚性攻螺纹刀柄，丝锥牙型两侧的轴向力能得到很好的平衡，加工安全性大大提高，丝锥的寿命也会得到极大改善。尤其对于硬质合金丝锥，亚刚性攻螺纹刀柄能更多地保证加工的安全性和可靠性，推荐使用这类亚刚性攻螺纹刀柄。

■ **切削丝锥使用中的常见问题**
◆ 丝锥在进给方向上的误切

丝锥如果存在轴向前角 γ_f，会在切削时给工件施加轴向分力，那就带来轴向的反作用力，这个反作用力无论与轴向进给方向相同还是相反，都会带来或多或少的轴向误切，如图 2-58 所示。

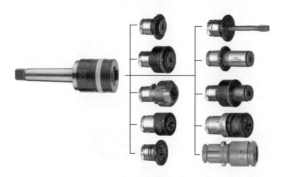

图 2-56　柔性攻螺纹刀柄与快换卡套的组合件
（图片素材源自埃莫克法兰肯）

图 2-57　亚刚性攻螺纹刀柄
（图片素材源自埃莫克法兰肯）

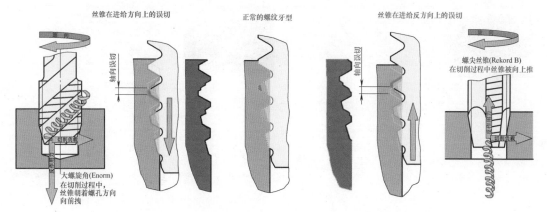

丝锥在进给方向上的误切　　　正常的螺纹牙型　　　丝锥在进给反方向上的误切

轴向误切

轴向误切

螺尖丝锥(Rekord B)
在切削过程中丝锥被向上推

大螺旋角(Enorm)
在切削过程中，
丝锥朝着螺孔方向
向前拽

图 2-58　丝锥的轴向误切现象（图片素材源自埃莫克法兰肯）

图 2-58 中（Enorm、Rekord B 是厂方的丝锥型号代码），中间是正常的螺纹牙型，左侧是以右旋螺旋槽丝锥为典型的与进给方向相同的轴向反作用力引起的顺向误切现象，实际的螺距会多走一些，导致切出的螺纹轮廓会如同紧挨正常牙型左侧所示的红色轮廓；右侧则是以螺尖丝锥、左旋螺旋槽丝锥为典型的与进给方向相反的轴向反作用力引起的反向误切现象，实际的螺距会少走一些，导致切出的螺纹轮廓会如同紧挨正常牙型右侧所示的蓝色轮廓。

对于牙型要求较高的螺纹，大批量生产通过试验得出螺距误差，通过编程补偿来尽可能解决这个问题；对于中小批量，因试验也费时费力，可以用柔性攻丝刀柄或亚刚性攻丝刀柄来解决。

◆ 底孔误差

底孔直径太大或太小，都可能导致攻螺纹时出现问题。

底孔直径太小，丝锥牙底参与切削，大大增加了切削负荷，易发生丝锥扭断现象；另一方面切出的内螺纹可能牙型过高，当这样的内螺纹与正常的外螺纹旋合时，易发生牙底接触而不是牙侧接触的现象。如图 2-59a 所示，从左侧图可以看到，底孔偏小的内螺纹因牙顶削平高度偏小而牙型偏尖（图 2-59a 中红色箭头所指），整个牙型高度偏高，从右侧可以发现这样的螺纹与正常外螺纹的旋合接触部分就可能跑到牙底；而由正常的底孔加工螺孔时，丝锥牙底不参与切削，即内螺纹的牙顶不是由丝锥的牙底加工而是由底孔加工，此时内螺纹牙顶较宽（图 2-59b 中黄色箭头所指），牙顶削平高度正常，图 2-59b 中右侧图反映这样的螺纹能牙侧接触形成正常的旋合。

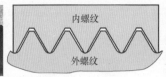

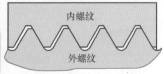

<table>
a) 底孔偏小的螺孔 | b) 底孔正常的螺孔
</table>

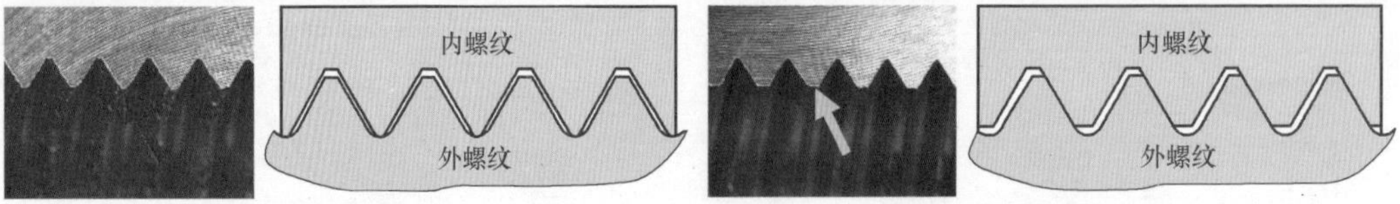

图 2-59　底孔大小对攻螺纹质量的影响（图片素材源自埃莫克法兰肯）

◆ 磨损

丝锥在螺纹中径上的磨损如图 2-60a 所示。

造成丝锥过快磨损的原因主要有切削速度过高、切削锥较短而使切削负荷太重、丝锥类型选择错误、工件材料太硬和螺纹底孔在钻孔时发生了加工硬化（如图 2-60b 所示，该钻孔导致的硬化使硬度由 339HV 提高到 354HV，等效于从 34.4HRC 提高到 35.5HRC，或者强度从 1095MPa 提高到 1125MPa）等。

可行的解决方案包括降低切削速度、针对实际的工件材料和螺孔类型选择合适的丝锥（如使用合适的几何角度和切削锥长度）、选择合适的切削液和冷却方法等。

◆ 切屑堵塞

切屑堵塞会造成攻螺纹转矩急剧增大，从而引发丝锥断裂。图 2-61a 中红色箭头所指是丝锥发生断裂后剖开工件，发现是切屑严重堵塞所致（断裂的丝锥已取走）；图 2-61b 中绿色箭头所指是切屑堵塞导致丝锥牙侧划伤，而蓝色箭头所指是切屑堵塞造成丝锥牙底开裂（而这往往是丝锥断裂的前奏）。

造成攻螺纹切屑堵塞的可能原因包括切屑过细过长、排屑方向错误（如类似图 2-15f 的深的不通孔但底孔不足够深时采用了向下排屑的螺尖丝锥或左旋螺旋槽丝锥）、丝锥排屑槽槽宽 N_b 太小和心部直径 d_5 过大（N_b 和 d_5 见图 2-29）、缺乏内冷却帮

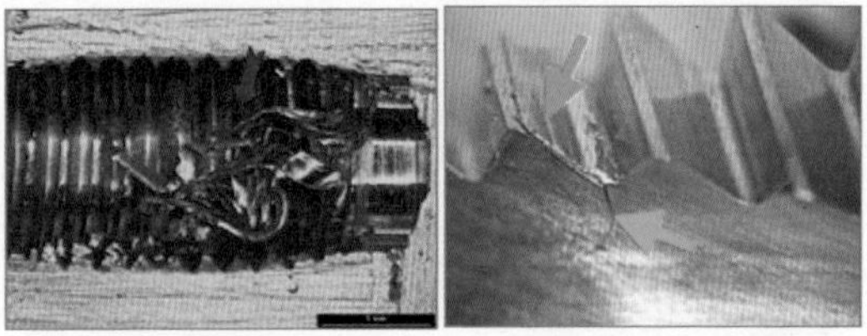

<table>
a) 中径磨损 | b) 钻孔加工硬化
</table>

图 2-60　丝锥磨损（图片素材源自埃莫克法兰肯）

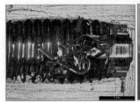

<table>
a) 丝锥断裂 | b) 牙侧划伤和牙底开裂
</table>

图 2-61　切屑堵塞造成的问题
（图片素材源自埃莫克法兰肯）

助排屑等，另外切屑与丝锥间发生黏结及底孔太小也会引起切屑堵塞。

可行的解决方案包括使用合适的几何角度的切削丝锥、保证螺纹底孔正确、使用正确的丝锥类型（注意螺纹类型与丝锥类型的匹配）等，高延展性的材料也可考虑更换为挤压丝锥。

◆ 背前面崩缺

背前面是排屑槽里背对着前面（图2-17d），在不通孔或假通孔的丝锥反转时对着切屑残根的那个面。

背前面崩缺如图2-62所示。用只适合加工通孔的丝锥加工不通孔，而通孔丝锥设计时不考虑反转的背切切屑残根问题，致使留下较高的残根卡入后面，从而造成丝锥的背前面崩缺。

可行的解决方案中最主要的方法就是选用可以加工不通孔的丝锥来加工不通孔或假通孔，这些丝锥在设计时就考虑了反转时的切屑残根问题。

另一个造成背前面崩缺的原因则是钻孔位置与攻螺纹位置的偏差较大。如图2-63a所示的三个孔，中间的一个孔与两侧孔不在一条直线上，但如果攻螺纹按一条直线设置，丝锥会发生变形，在图2-63b中三个蓝色箭头所指处可以看到下方的刃口偏离了一些，留出一点间隙，这就使该刃口在反转切出切屑残根时可能会留下较高的残留从而卡进后面造成背前面崩缺。

◆ 缠屑

缠屑是指切屑成鸟巢状缠绕在丝锥及丝锥夹头上（图2-64），以致操作者不得不停下机床以清除这些切屑。这种一团切屑通常是在加工较软的工件材料时发生的，其原因就是切屑控制不良，无法让切屑在合适的长度折断。

图2-45介绍了切削速度对切屑形态的影响，其实影响切屑形态的因素有不少，从图2-65中可以看到涂层与未涂层、不同螺旋角等因素对切屑形态的影响。其中图2-65a

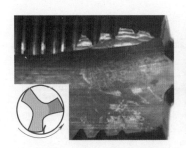

图2-62　背前面崩缺
（图片素材源自埃莫克法兰肯）

a) 三个孔位置有偏移

b) 丝锥刃瓣接触不一致

图2-63　位置偏差引发背前面崩缺
（图片素材源自埃莫克法兰肯）

图 2-64　缠屑现象
（图片素材源自埃莫克法兰肯）

为 38°螺旋角未涂层丝锥的切屑，切屑的直径约为 5mm，切屑螺距为 8.5mm；图 2-65b 为 38°螺旋角涂层丝锥的切屑，切屑的直径约为 6.5mm，切屑螺距为 13mm；图 2-65c 为 50°螺旋角涂层丝锥的切屑，切屑的直径约为 5mm，切屑螺距为 16mm。对照图 2-65a、b，可以发现涂层后流出时阻力较小，易形成直径更大、螺距更大的螺旋卷切屑；而对照图 2-65b、c，可以看到螺旋角加大后由于容屑槽的空间截面压缩，切屑的直径变得更小而切屑螺距变得更大，但这种

切屑一般沿丝锥容屑槽出来后会被甩离主轴，不太会发生缠绕。

◆ 螺纹中径不合格

螺纹中径不合格可分为中径过大和中径过小两种。

由于中径一般用量规检查，中径过大一般指单一中径过大，止规止不住，其主要原因有丝锥精度选择不当、切削液选择不当（切削液能减少切屑在丝锥上黏结而扩大的中径）、切削速度太高、丝锥与工件螺纹底孔不同轴、丝锥刃磨参数选择不合适、刃磨丝锥中产生毛刺、丝锥切削锥长度太短等，可采取选择适宜精度的丝锥（请参考图 2-41 的丝锥中径公差带位置）、选择适宜的切削液、适当降低切削速度、选用柔性攻丝刀柄、适当减小前角与切削锥后角、消除刃磨丝锥中产生的毛刺、适当增加切削锥长度等方法加以解决。

中径过小一般是作用中径过小，其原因主要是丝锥精度选择不当、切削锥过长

a) 38°螺旋角未涂层

b) 38°螺旋角涂层

c) 50°螺旋角涂层

图 2-65　不同的切屑形状（图片素材源自埃莫克法兰肯）

（切削层较薄易产生让刀）、丝锥刃磨参数选择不合适、切削速度太小、切削液选择不合适等，可采用选择适宜精度的丝锥、选择稍短的切削锥长度、适当加大丝锥前角和后角增加丝锥锋利性、加大切削速度、选择润滑性好的切削液等加以解决。

丝锥加工还有一种情况就是螺孔检验时通规不过止规过，这多半是受螺纹的螺距或牙型半角以及螺孔本身的圆度、孔的直线度等的影响。这些因素都会对旋合长度上全牙型检查的通规通过性有影响，造成通规无法通过，而如果使用者只认为是中径偏小而采取措施加大单一中径的尺寸（如 H1 公差的丝锥换成 H3 公差的丝锥），就有可能造成检测作用中径的通规依然通不过，但检测单一中径的止规却止不住了。

2.3 挤压丝锥

挤压丝锥不属于切削工具，而属于冷挤压变形的无屑加工工具。通过扫描图 2-66 的二维码观看视频，可以看到工件的材料在丝锥的挤压下沿着阻力较小的方向发生流动，由接触部分沿牙廓逐步向牙顶和牙底方向挤压过去，螺纹牙型的形成靠材料的挤压填补成形。

图 2-66 挤压丝锥工作情况
（视频素材源自埃莫克法兰肯）

挤压丝锥的被加工材料强度不能太高，一般抗拉强度需要低于 1400MPa；要有较好的延展性（否则材料无法流动），根据不同厂商的设计，延伸率大于 10% 的可加工性较好，延伸率在 7% ～ 10% 之间的加工已显得困难，牙型表面质量不高，而更低的延伸率则很难冷挤压加工成形。

挤压丝锥加工的优点是：无排屑问题，特别适合加工深螺纹，表面质量高，适合单主轴和多主轴机床，可以使用较高挤压速度，增强了静态和动态的螺纹强度，螺纹无轴向误切，增加了防刀具断裂保护和具有长的刀具寿命。在使用时除了对被加工材料的要求外，还需要注意在挤压侧易形成毛边，因为比螺纹切削转矩更大，在较大直径的螺纹时转矩可能超过机床负荷，需要严格控制螺纹底孔直径，建议使用带补偿的柔性攻螺纹刀柄且强烈建议有冷却润滑。另外，挤压丝锥是不能重磨的。

▶ 2.3.1 挤压丝锥选择的一般因素

挤压丝锥选择时考虑的主要因素与切削丝锥类似，可以参照图2-13，但它的几何参数比较简单，也不太需要考虑通孔还是不通孔之类的孔型问题。

在挤压丝锥选择前，先了解一下挤压丝锥的基本结构。如图2-67所示，挤压丝锥分为挤压部分（对应切削丝锥的切削部分）、校准部分和柄部。

挤压丝锥是非切削工具，因此谈不上切削角度，但其截面形状及尺寸参数、挤压锥长度等对挤压还是有一定影响的。

■ 截面形状及尺寸参数

◆ 棱数

挤压丝锥的棱数一般常见3棱、4棱、5棱，当然也可以有更多棱数的，如图2-68所示。

一般地，丝锥棱数较多时截面积较大，刚性比较强，但变形分散在较多的棱上，单个棱的负荷较小而整个丝锥的转矩却较

大：在一个6棱与8棱的挤压丝锥对比中，8棱丝锥的转矩比6棱增加了10%，而单齿受力却减小了20%。

◆ 截面形状

• 总体形状

图2-69所示的3种丝锥都属于3棱挤压丝锥，但总体形状各有不同，左侧红色线框的是由3段大直径圆弧和3段小直径圆弧连接而成，整个外轮廓都具备螺纹牙型（淡黄色部分，下同）；中间绿色线框的是在原始略小于螺纹直径的圆柱上制造出3个凸起，由这3个圆弧较小的凸起承担主要的加工任务，这种形状的整个外轮廓也都具备螺纹牙型；右侧蓝色线框则是在完整螺纹牙型上削去3个面以形成挤压棱和空腔。

图2-67 挤压丝锥组成示意
（图片素材源自瓦尔特刀具）

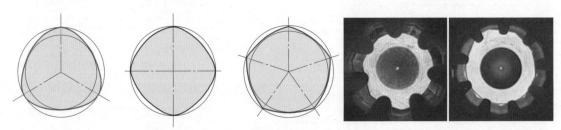

图2-68 不同棱数的挤压丝锥（图片素材源自埃莫克法兰肯、瓦尔特刀具）

图 2-69　不同总体形状的挤压丝锥

• **油槽**

挤压丝锥考虑到挤压转矩大，挤压温度高，丝锥与工件预制孔的间隙过小，润滑油较难以进入挤压区，难以充分发挥冷却润滑作用的实际情况，沿丝锥每两棱的中间开设与棱数相同的油槽显然很有必要（图 2-70）。在一个试验中，有槽与无槽丝锥相比，其挤压转矩可降低 10% ~ 12%、挤压温度可降低 12% 左右，明显地改善了挤压过程的冷却润滑条件。

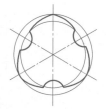

图 2-70　有无油槽的挤压丝锥
（图片素材源自埃莫克法兰肯）

◆ **截面参数**

挤压丝锥的截面参数主要有两个（图 2-71）：一个是挤压棱的棱脊半径 r，另一个是截形外切圆与内接圆的半径差 k，这个值在图 2-71 左侧上，既是棱脊的凸起量，也是空腔的最大高度。

在图 2-71 右侧，是一 M8 的挤压丝锥以 2.45m/min 的挤压速度加工铝合金螺孔的试验，反映了 k 值与挤压温度、挤压转矩的关系。试验说明，当 k 值增加时，棱脊半径 r 减小，螺牙变尖，挤压面积减小，挤压转矩、温度降低。试验中当 k 由 0.1mm 增至 0.6mm 时，挤压转矩从 23.8N·m 下降至 7.5N·m，挤压温度从 100℃ 降至 54℃。但这时棱脊强度大为削弱，易于折断，工件螺纹表面粗糙度也差，丝锥寿命堪忧。相反，k 值太小，牙尖变宽，挤压面积增大，耐磨性增强，但挤压转矩、温度都有增无减，同样不利于提高丝锥寿命。所以，k 值应合理选择。图 2-72 所示为两种 k 值明显不太一样的 5 棱挤压丝锥。

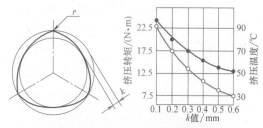

图 2-71　挤压丝锥的截面参数

图 2-72　两种 k 值明显不太一样的 5 棱挤压丝锥
（图片素材源自埃莫克法兰肯）

刚才介绍的是常见的圆弧挤压棱脊（图 2-73a），而如果采用如图 2-69 所示右侧的那种结构的挤压丝锥，其挤压端部在某种意义上类似于一个负前角的切削丝锥（图 2-73b），加工时属于连挤带切（这样就较适合延展性稍低的被加工材料）。

◆ 挤压锥长度

挤压丝锥的挤压锥长度与切削丝锥的切削锥长度类似，一般只是不再有 B 型（切削丝锥的 B 型是通孔专用形式），其选择也与切削丝锥的切削锥长度类似，这里不再做介绍。

■ 丝锥的其他要素

挤压丝锥的丝锥材料、表面处理或涂层、润滑液在总体上都与切削丝锥大体一致，但挤压丝锥的加工过程中表面属于强摩擦状态，表面涂层、润滑液对防止挤压丝锥牙侧与工件牙侧发生黏结而产生黏结磨损更为重要，如在使用挤压丝锥时，高强度韧性好的粉末冶金高速钢（PMHSS）、碳氮化钛（TiCN）或氮化钛（TiN）涂层和脂类切削油（也称为攻丝膏）适用面比较广。

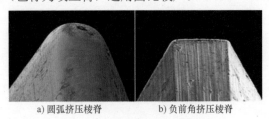

a) 圆弧挤压棱脊   b) 负前角挤压棱脊

图 2-73 挤压丝锥棱脊放大

（图片素材源自埃莫克法兰肯）

◆ 丝锥公差

由于挤压加工存在比较大的孔径弹性回缩，挤压丝锥的公差带较切削丝锥有所上移，即同规格、同螺纹精度的挤压丝锥中径比切削丝锥更大一些。图 2-74 为挤压丝锥公差带，从中可以看到，同样 M10 6HX 的丝锥，挤压丝锥的公差带位置要比切削丝锥的公差带位置高。

■ 被加工材料

被加工材料是挤压丝锥选择的一个极为重要的条件。在介绍被加工材料对挤压丝锥选择的具体影响前，先简单介绍一下挤压丝锥的受力。

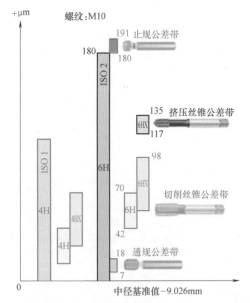

图 2-74 挤压丝锥公差带

（图片素材源自埃莫克法兰肯）

◆ 受力分析

挤压丝锥在机床转矩的作用下旋转，挤压锥第一牙的棱脊首先挤入工件预制孔的内表面形成初步沟痕及堤坝，随后各牙棱脊依次逐渐将沟痕加深而堤坝加高，形成内螺纹的牙底；同时被挤出的金属朝着受力最小的方向做塑性流动，去填充丝锥螺牙留出的空间以形成内螺纹的牙顶。在挤压成形中，挤压外力必须克服挤压阻力，即克服由于工件材料塑性变形抗力引起的塑性变形阻力和由于挤压丝锥与工件相对运动所产生的摩擦阻力，才能顺利进行。作用在挤压丝锥与工件预制孔上的力可简化为（图2-75）：沿接触弧法线作用于工件上的法向力 F_n 与摩擦阻力 F_f，也可分解成引起工件金属沿径向移动的径向力 F_r 及引起工件金属沿挤压丝锥旋转方向移动的切向力 F_t。在这些力的作用下，工件材料上出现径向应力和切向应力。径向应力既是工件螺纹牙底的压应力，其反作用力又是挤压丝锥棱脊上的压应力。沿工件螺纹轴线上的作用力又迫使工件金属作轴向流动产生轴向压应力。在这样三向应力的作用下，工件金属产生很大的局部塑性变形，迫使其朝着阻力最小的方向流动。

◆ 挤压过程转矩变化

图2-76为挤压丝锥加工的螺纹挤压过程，大致分为5个阶段。

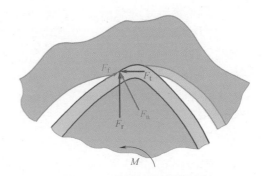

图 2-75　挤压丝锥受力简图

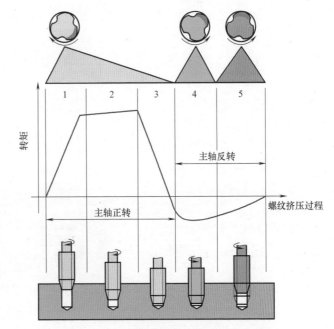

图 2-76　挤压丝锥加工的螺纹挤压过程
（图片素材源自埃莫克法兰肯）

第1阶段开始挤压，直至所有的挤压锥切入工件，转矩急剧上升。

第2阶段校准部分完全切入工件，摩擦力逐步上升。

第3阶段主轴制动并停止，这时螺纹挤压加工已告完成。

第4阶段主轴开始反转，并带有滑动摩擦。

最后的第5阶段挤压丝锥与被加工面逐渐脱离滑动摩擦，挤压锥退出工件。

图2-77为逐渐成形的螺纹形态变化示意及真实照片。

◆ 被加工材料的要求

刚才介绍了挤压丝锥的受力分析，可以看到，挤压丝锥加工时，材料可以沿丝锥表面流动是一个重要条件。这一条件需要材料有较好的延展性，即建议的延伸率大于10%。

图2-78为被加工材料对挤压效果的影响。图2-78a为延展性较好的材料，而图2-78b为延展性较差的材料（示例是近似于HT200的灰铸铁）。我们可以发现内螺纹牙侧并不光整，而在图2-78b中红色箭头所指处可以清楚地看到，内螺纹牙顶处非常毛糙，因为那是材料流动

的远端。

挤压丝锥不太适宜加工高强度材料，因为如果丝锥的强度与被加工材料的强度相差较小的话，挤压丝锥受到高强度材料的反作用力也极易发生破坏。

▶ 2.3.2 两种特殊的挤压丝锥

■ 模块化挤压丝锥

模块化挤压丝锥如图2-79所示。

与带容屑槽的模块化切削丝锥的接口类似，丝锥头与刀杆也通过放射状的多个三角棱结合。这种同样依靠形状约束的放射状接口也不会发生打滑现象，而且由于所有的三角棱都是长齿，更有利于传递较高的转矩。模块化挤压丝锥接口形态如图2-80所示。

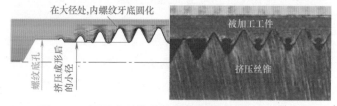

图2-77 逐渐成形的螺纹形态变化示意及真实照片
（图片素材源自埃莫克法兰肯）

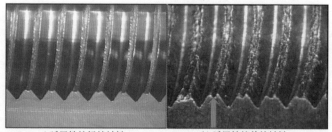

a）延展性较好的材料　　b）延展性较差的材料

图2-78 被加工材料对挤压效果的影响
（图片素材源自埃莫克法兰肯）

与整体挤压丝锥一样，它具有挤压丝锥的许多优点（利美特金工推荐的被加工材料延伸率为大于8%），而模块化挤压丝锥的刀杆是用更高的抗扭刚度材料制成，它相比较整体硬质合金挤压丝锥具有更好的"韧性"，可以承受更高的来自于丝锥头的转矩。丝锥头由耐磨非常好的超细晶粒硬质合金制成；丝锥头棱数根据螺距进行了精确调整；可选用不同的内冷形式（分成两种，中心冷却孔用于不通孔，外周冷却孔则用于通孔，见图2-81）和先进的涂层。因此与整体挤压丝锥相比，模块化挤压丝锥切削速度显著提升，因而加工时间缩短；这种模块化解决方案确保螺纹成形加工可靠性，同时即使在高转矩条件下仍可有效预防刀具断裂报废；整体硬质合金挤压丝锥刀具寿命结束意味着整支刀具的报废，但对于模块化挤压丝锥仅仅需要更换一个硬质合金丝锥头。

相比较整体高速钢挤压丝锥和整体硬质合金挤压丝锥，模块化挤压丝锥的特征如图2-82所示。

■ 插挤丝锥

插挤丝锥是由埃莫克法兰肯和奥迪公司共同开发的一种新形式的丝锥，埃莫克法兰肯将其称为第四代螺纹加工技术（扫描图2-83观看视频简介）。这种丝锥为了节约机床的使用率或在保持机床使用率不变的前提下，提高生产力。内螺纹加工周期

得到大幅度减少。

插挤丝锥的各组成部分如图2-84所示。

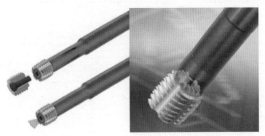

图 2-79 模块化挤压丝锥
（图片素材源自利美特金工）

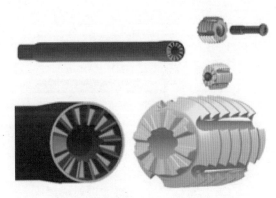

图 2-80 模块化挤压丝锥接口形态
（图片素材源自利美特金工）

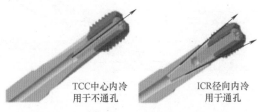

TCC中心内冷
用于不通孔　　　ICR径向内冷
用于通孔

图 2-81 模块化丝锥的内冷却通道设计
（图片素材源自利美特金工）

客户利益	整体挤压丝锥		模块化挤压丝锥
	整体硬质合金	钻高速钢或粉末冶金钻高速钢	特征
较少的加工时间	√		√ 高切削速度，使用耐磨非常好的超细晶粒硬质合金制成的丝锥头
高加工可靠性		√	√ 刀杆由比硬质合金有显著提高的抗扭强度的钢材制成，以及刀体与丝锥头稳定连接
使用寿命最大化	√		√ 来自 LMT Fette 的 TiCN Plus PVD 多层涂层能提升更高的耐磨性
使用更方便			√ 因为采用了可更换式的丝锥头，所以实现了在一个主刀体上使用多种螺纹尺寸及公差的可能
资源节省			√ 主刀体可多次使用，所以在使用寿命结束时，只需更换硬质合金丝锥头而不是整支刀具
成本最小化			√ 可以减少库存量及在制存货

图 2-82　整体挤压丝锥和模块化挤压丝锥的特征比较（图片素材源自利美特金工）

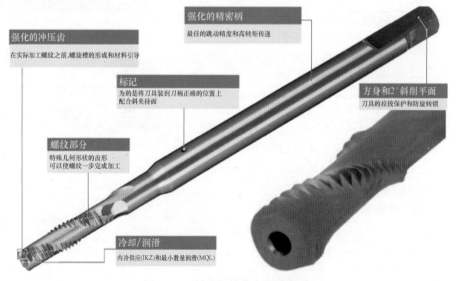

强化的冲压齿
在实际加工螺纹之前,螺旋槽的形成和材料引导

强化的精密柄
最佳的跳动精度和高转矩传递

标记
为的是将刀具装到刀柄正确的位置上配合斜夹持面

方身和2°斜削平面
刀具的拉拔保护和防旋转锁

螺纹部分
特殊几何形状的齿形可以使螺纹一步完成加工

冷却/润滑
内冷供应(IKZ)和最小数量润滑(MQL)

图 2-83　插挤丝锥简介（视频素材源自埃莫克法兰肯）

图 2-84　插挤丝锥的各组成部分
（图片素材源自埃莫克法兰肯）

之所以称这是一种革命性的丝锥，是因为其与过去所有的丝锥都有很大不同——真正的螺纹加工只旋转半圈。在插挤螺纹之前，在工件上需要具有一个合适直径的导向孔。图 2-85 所示为插挤丝锥加工过程，共分 3 个步骤：插入（冲入）→螺纹挤压→退回。

第 1 阶段为插入或冲入阶段。插挤丝锥在圆周上并没有一个连续的螺纹牙型，但具有在两排凸起的相对 180°的筋条上的螺纹齿形。每个筋条上的第一个刀齿是负责产生槽（图 2-85 中步骤 1 的中间所示），从而可以完成工艺的第一步螺旋插入预钻孔内。这个负责产生槽的齿的直径略大于后面用以产生螺纹的刀齿尺寸。插入过程

也是螺旋插入，其螺旋导程必须与丝锥本身的筋条导程相同，即除第一个刀齿外，后面的螺纹齿在插入过程中不参与切削。

第 2 阶段为螺纹挤压阶段。当插挤丝锥插入到达螺纹深度后，螺纹挤压开始，通过一个同步的轴向进给运动，刀具旋转大约 180°（半圈）并轴向移动约 1/2 螺距。此时螺纹已经形成，两排刀齿到达另一个刀齿在插入时所形成的槽内。

第 3 阶段为退回阶段。当螺纹挤压过程完成后，插挤丝锥将从孔里通过产生的槽退回。与插入过程类似，退回时也是螺旋退回，其螺旋导程也必须与丝锥本身的筋条导程相同。退回后除螺纹外，孔内还会留有两条螺旋槽。

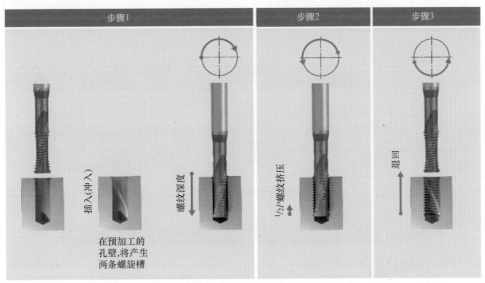

图 2-85　插挤丝锥加工过程（图片素材源自埃莫克法兰肯）

综合而言，插挤丝锥使用前应事先加工一个预制孔，插挤丝锥进入时一边往下插入（冲入）一边略进行旋转（按筋条导程），这时工件上被插（冲）出两条螺旋形的沟槽，然后往上反向旋转半圈，这时全长上沿两个螺旋槽的螺纹齿各加工出半圈螺纹，这就形成了整个螺纹，两条螺旋齿到了刚才插（冲）出来的对面沟槽中，然后一边继续沿这个方向旋转一边退出。图2-86 为插挤丝锥与传统丝锥刀尖轨迹对比。

从图 2-86 中可以看到，插挤丝锥的刀尖轨迹比传统丝锥的刀尖轨迹短得多，这实际上就代表着插挤丝锥的加工周期比传统丝锥短得多。图 2-87 为插挤丝锥与传统丝锥加工路径的对比。举例来说，对于一个 M6 深 15mm 的螺孔，埃莫克法兰肯的插挤丝锥的加工路径大约只有传统的切削丝锥或挤压丝锥的加工路径的 1/15。这样结果在螺纹加工循环中能节约约 75% 的加工周期。

路径比较

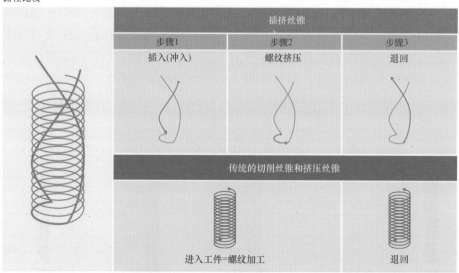

图 2-86　插挤丝锥与传统丝锥刀尖轨迹对比（图片素材源自埃莫克法兰肯）

图 2-87　插挤丝锥与传统丝锥加工路径对比（图片素材源自埃莫克法兰肯）

根据德国多特蒙德大学 ISF 的研究结果，通过插挤丝锥加工的螺纹和传统方式加工的螺纹具有类似的抗拉能力和属性。通常认为，这一技术适用于高延展性的材料，典型的是硅的质量分数在 7%～12% 间的铝硅合金；奥迪公司把插挤丝锥技术集成到铸铝类汽车零部件的系列生产中，取得了很好的效果。

2.3.3 挤压丝锥的使用

■ 螺孔尺寸

◆ 螺纹底孔直径的影响

螺纹底孔直径是保证工件质量和提高挤压丝锥寿命的重要条件，也可以说是内螺纹挤压加工中的关键。若螺纹底孔直径小于实际所需要的最小直径，挤压丝锥加工时工件金属充满牙尖、螺纹小径偏小甚至超出其公差范围，挤压转矩大幅度增加，严重影响挤压丝锥寿命，还会造成断锥事故。如果螺纹底孔直径大于所要求的最大直径，工件螺纹的小径会偏大，螺纹牙顶严重缺陷、牙高不够，甚至螺纹大径大于允许的最大的大径，以至加工的螺纹直接报废。

图 2-88 为挤压丝锥螺纹底孔直径对螺纹成形的影响，左侧红色的粗线代表了建议的最小螺纹底孔与其加工出的螺纹廓形，横向粗红线上方的稍浅暗红带网格纹的那部分工件材料将在丝锥轮廓的挤压下流动

至横向粗红线下方的稍深暗红带网格纹处，它的牙顶在丝锥牙底处挤压成形，但中间一般留有一个"Y"形口；右侧蓝色的粗线则代表了建议的最大螺纹底孔直径与其加工出的螺纹廓形，横向粗蓝线上方的稍浅蓝带网格纹的那部分工件材料将在丝锥轮廓的挤压下流动至横向粗蓝线下方的稍深蓝带网格纹处，它的牙顶未与丝锥牙底接触，属于按阻力最小方向流动自然成形，工件牙顶呈双峰驼背形。而图 2-89 则表达了螺纹底孔直径对转矩的影响：这是一个在 20CrMo 钢上用 16m/min 的加工速度加工 M12×1.25 螺纹的情况，表明螺纹底孔直径由 11.2mm 加大到 11.3mm 时，转矩降低了接近 50%；而螺纹底孔直径加大到 11.5mm 时，转矩仅是 11.2mm 时的 1/4。

此外，由于内螺纹挤压成形过程中金属变形十分复杂，与许多因素有关，如工件材

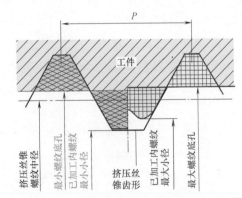

图 2-88　挤压丝锥螺纹底孔直径对螺纹成形的影响
（图片素材源自埃莫克法兰肯）

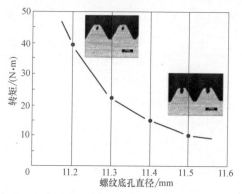

图 2-89　挤压丝锥螺纹底孔直径对转矩的影响
（图片素材源自瓦尔特刀具）

$\phi 2.75mm$，挤压速度 v_c 为 10m/min（转速 n 为 1062r/min），无切削液。

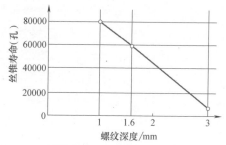

图 2-90　螺纹深度与丝锥寿命关系的试验结果
（图片素材源自欧仕机）

料的塑性、金属晶粒的位移、破损及晶粒内部晶格间的滑移等。考虑到挤压丝锥参数、结构形式及工件材料的性能，目前主要是根据金属发生永久塑性变形后体积或面积不变的原则进行推导的，但计算较为复杂，我们这里不做介绍，建议按挤压丝锥制造商的推荐加工底孔，不过要注意，挤压丝锥的螺纹底孔直径公差都比较严（比切削丝锥的螺纹底孔直径公差严很多）。

◆ 螺纹深度的影响

螺纹深度是影响挤压丝锥寿命的因素之一。如图 2-90 所示，当螺纹深度达到 3 倍时，挤压丝锥以孔数计的寿命不是简单的缩短到 1/3（如果这样即累计攻螺纹深度相同），而是远远低于 1/3。这个试验由欧仕机使用了其 TiN-NRT 的 M3 粗牙带 TiN 涂层挤压丝锥，在立式加工中心上对冷轧碳素钢薄板进行的，底孔的大小为

◆ 孔口倒角的影响

在挤压丝锥加工螺孔时，我们建议在螺孔的入口和出口处都安排倒角结构。因为如果没有倒角结构，螺孔与平面的衔接处会因为挤压的原因而产生明显的鼓包现象（图 2-91a），零件可能无法得到正确可靠的安装，受力后的接触面难以确定；而当安排倒角结构以后，虽然倒角面上接近螺纹小径处依然会略有小的鼓包，但平面上不会有鼓包现象，对零件之间的贴合不会产生问题（图 2-91b）。

a) 未倒角　　　　　　b) 已倒角

图 2-91　底孔孔口倒角的影响
（图片素材源自埃莫克法兰肯）

■ 挤压速度

挤压丝锥的挤压速度对挤压转矩、挤压温度、挤压丝锥寿命、加工经济性都有影响。图 2-92 为挤压速度对挤压转矩、挤压温度的影响。该丝锥的挤压速度可分为低速区和高速区，在低于 9m/min 的低速区内，挤压转矩（紫色曲线）基本不变，仅呈增大趋势，而挤压温度虽有增加，但幅度不大；在高于 9m/min 的高速区，挤压转矩随挤压速度增加而增大，挤压温度则明显上升。此外，挤压速度增加幅度过大，挤压丝锥寿命将大幅度降低（图 2-93），且影响生产率。因此需根据具体情况，并考虑具体设备等加工条件，选择合适的挤压速度。

■ 挤压丝锥使用中的常见问题

◆ 过挤压

之前介绍过螺纹底孔直径的问题，如果螺纹底孔直径太小，就很容易出现过挤压现象，如图 2-94 所示。

解决过挤压的方法就是加大螺纹底孔直径，具体而言就是按刀具供应商提供的底孔尺寸建议来加工螺纹底孔。刀具供应商在决定螺纹底孔直径时，主要会考虑材料、润滑、表面涂层、几何形状等因素，但有时还必须根据特定的工作条件去调整螺纹底孔直径。他们有些会把这样的尺寸直接标注在挤压丝锥的刀具上（图 2-95），请各位使用时加以留意。

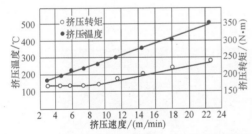

图 2-92 挤压速度对挤压转矩、挤压温度的影响

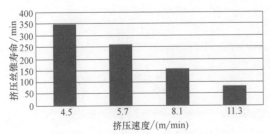

图 2-93 挤压速度对挤压丝锥寿命的影响

图 2-94 过挤压现象
（图片素材源自埃莫克法兰肯）

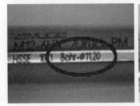 

a) 埃莫克法兰肯示例   b) 瓦尔特刀具示例

图 2-95 底孔直径标记

◆ 一般磨损过程

图 2-96 为挤压丝锥几种主要的磨损，其中有磨料磨损（蓝色箭头所指）、黏结磨损（红色和绿色箭头所指）等。

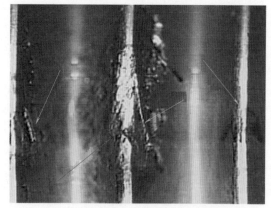

图 2-96 挤压丝锥几种主要的磨损
（图片素材源自埃莫克法兰肯）

图 2-97 为挤压丝锥磨损过程实例，该实例的刀具是埃莫克法兰肯的 M10-6H 挤压丝锥，用柔性攻螺纹刀柄装夹，以 20m/min 的挤压速度和 10% 的乳化液加工 45 钢。在前 100 孔（图 2-97a）时是所谓"初期磨损"阶段，至 1000 孔（图 2-97c）也并无十分明显的变化，属于"正常磨损"阶段；到 2000 孔（图 2-97d）时丝锥的牙顶涂层发生明显剥落，而 2500 孔（图 2-97e）时之前剥落的牙顶剥落区域明显扩大，左侧相邻的牙顶涂层也开始出现剥落，进入"末期磨损"阶段；到 3000 孔（图 2-97f）时已发生大面积剥落，而在剥落的牙顶已有工件材料的粘连（图 2-96 中红色箭头所指），牙侧则可以发现丝锥的基体材料被工件粘结走了（图 2-96 中绿色箭头所指）。

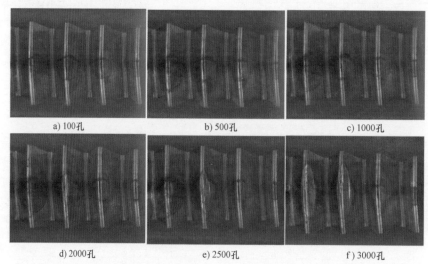

a) 100孔　　　　　b) 500孔　　　　　c) 1000孔

d) 2000孔　　　　　e) 2500孔　　　　　f) 3000孔

图 2-97 挤压丝锥磨损过程实例（图片素材源自埃莫克法兰肯）

◆ 粘结磨损

挤压丝锥加工时的摩擦比较厉害。切削加工时工件材料的剪切变形较多，晶格滑移不是主体（参见《数控铣刀选用全图解》图2-76），但在挤压丝锥加工时工件材料的主要变形方式就是滑移。由于这些材料对挤压丝锥表面的正压力远大于切削刀具，同样的摩擦系数会产生更大的摩擦力，产生更多的摩擦热量。这种热量就使挤压丝锥产生粘结磨损的概率较高。

粘结磨损可能发生在挤压丝锥牙底（图2-98a），也可能发生在牙顶（图2-98b），严重时高温会导致熔点较低的材料发生极其严重的粘结（图2-98c）。产生粘结磨损的主要条件是较大的摩擦导致较高温度。因此，我们对此的解决方案包括提高冷却与润滑（如使用脂类冷却），使用表面处理（如减摩性能好、耐高温的涂层）的刀具，检查螺纹底孔（如有需要可能增大螺纹底孔直径）和如有需要降低切削速度（但这将降低加工效率）。

◆ 鳞刺

挤压丝锥在加工较软的材料时很容易产生鳞刺，一个螺纹表面产生了鳞刺的实例，如图2-99a所示。在某种意义上，可以认为鳞刺是工件材料被拉起并开始有材料要脱离工件表面的前奏。抑制鳞刺产生的一个重要方法就是选用合适的润滑条件。当缺乏润滑或润滑不良时，就容易产生如图2-99a所示那样的鳞刺；相反，如果润滑合适（如最小流量冷却MQL），就可能获得如图2-99b所示的无鳞刺表面。

a) 丝锥牙底粘结磨损　　b) 丝锥牙顶粘结磨损　　c) 铝合金材料的严重粘结

图 2-98　粘结磨损实例（图片素材源自埃莫克法兰肯）

a) 有严重鳞刺　　　　　　b) 无鳞刺

图 2-99　螺纹表面状况（图片素材源自瓦尔特刀具）

2.4 丝锥选用实例

本实例的加工条件是在一立式加工中心（主轴接口 HSK-A63，机床有刚性攻螺纹的功能）上，加工螺纹深度为 15mm 的 M6-6H 螺孔（底孔深度为 20mm，螺孔有效深度与直径之比为 2.5），工件材料为 316L（德国牌号，相当于我国的 022Cr17Ni12Mo2，属于奥氏体不锈钢，其抗拉强度 R_m（$-\sigma_b$）$\geqslant$ 480MPa，伸长率 A_5（$-\delta_5$）$\geqslant$ 40%，参照之前表 2-3，其属于埃莫克法兰肯的 M2.1 组），切削液为 5% 的乳化液。

现存问题是黏结现象严重、经常发生崩刃和丝锥折断。使用者希望通过优化选型，避免现存问题，提高刀具寿命，但其对产品价格比较敏感。

以埃莫克法兰肯的样本（样本封面如图 2-100 所示，2016 年 11 月起生效）为例，来选择本实例的丝锥。

通过样本总目录（图 2-101），可以了解到切削丝锥在该样本的第 15 ～ 266 页（图 2-101 中红框），于是找到样本的第 15 页，可以得知其选型与加工参数在第 22 ～ 35 页，其中，适合不锈钢加工类 M2.1 组（图 2-102 中绿框）、不通孔加工（图 2-102 中红框）的主要型号如图 2-102 所示。图 2-102 中主要的两个系列，VA 系列和 Z

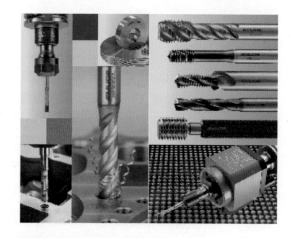

图 2-100 样本封面
（图片素材源自埃莫克法兰肯）

系列。其中 VA 系列加工最大孔深刚好勉强满足本实例的要求（2.5 倍直径），但规格较少；而 Z 系列则可以加工至 3 倍直径，规格也较多，挑选余地较大，而且 Z 系列的 11°～ 15° 前角较 VA 系列的 7°～ 11° 前角更为锋利（图 2-49），初选 Z 系列。这中间有些切削锥比较短（E 型，1.5 ～ 2 牙），主要适合底孔深度与螺孔有效深度相差较小的情况，因此在剔除了 E 型切削锥和去除非不锈钢材料后简化，如图 2-103 所示。这中间可看到建议的初始切削速度（红框中的数据）有些是粗体的，非常适合使用，而非粗体的只是一般合适。因此，主要在几个粗体数据中（Enorm Z-X-PM GLT-1、Enorm Z-X-IK ZPM-GLT-1、Enorm Z GLT-1 和 Enorm Z-IKZ GLT-1）做进一步选择。

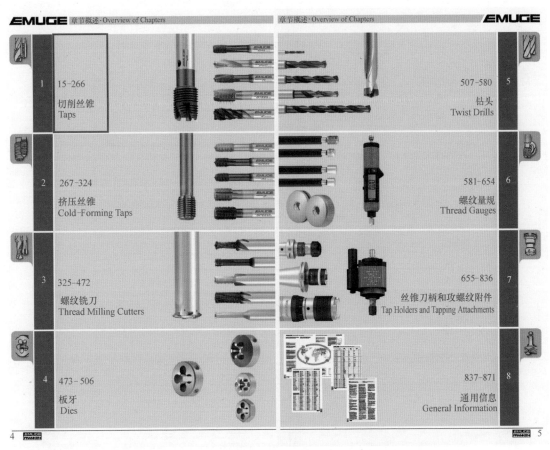

图 2-101　样本总目录（图片素材源自埃莫克法兰肯）

EMUGE 切削丝锥·Taps

产品选型和切削参数

请注意：
在各自列里面的切削速度（v_c，m/min）是标准值，应根据特定加工状况（材料、润滑、机床等）进行调整。

是否适合被标记如下：
- 切削丝锥非常适合
- 切削丝锥适合

= DIN形状/螺纹（切削锥长度）

	Enorm VA	Enorm VA GLT-1	Enorm VA-X	Enorm VA-X GLT-1	Enorm Z-X-PM TIN-60	Enorm Z-X-IKZ GLT-1	Enorm Z-X-IKZ PM-TIN-60	Enorm Z-X-IKZ PM-GLT-1	Enorm Z/E-X-PM TIN-60
	C/2-3	C/2-3 max.2.5×d_1	C/2-3	C/2-3	C/2-3	C/2-3	C/2-3	C/2-3	E/1,5-2
	43,63,70,87	43,63,70,87	44,71	44,71	56,79	56,79	56,79	56,79	56,79
	103,116	103,117			122	122	122	122	122
	141,145	141,145			142,146	142,146	142,146		142,146
	153,157	153,157			154,158	154,158	154,158		154,158
	148								
	169	170			171	171	171	171	171
	202,204	202,204							

应用范围-材料		材料举例	VA	VA GLT-1	VA-X	VA-X GLT-1	Z-X-PM TIN-60	Z-X-IKZ GLT-1	Z-X-IKZ PM-TIN-60	Z-X-IKZ PM-GLT-1	Z/E-X-PM TIN-60
P 钢坯料											
1.1 冷拉钢,结构钢,易切钢,等等	≤600MPa	Cq15 / S235JR(S(27-2) / 10SPb20	5~25	15~45	5~25	15~45					
2.1 淬火合金结构钢,铸钢,等等	≤800MPa	E360(St70-2) / 16MoCr5 / GS-25CrMo4	5~20	10~40	5~20	10~40	10~60	10~60	10~60	10~60	10~60
3.1 调质钢,冷作工具钢,等等	≤1000MPa	20MoCr5 / 42CrMo4 / 102Cr6	2~15	5~25	2~15	5~25	5~40	5~40	5~40	5~40	5~40
4.1 调质钢,渗氮钢,等等	≤1200MPa	50CrMo4 / X45NiCrMo4 / 31CrMo12		5~20			5~20	5~30	5~30	5~30	5~30
5.1 冷作工具钢,热作工具钢,等等	≤1400MPa	X38CrMo1/5-3 / X100CrMoV8-1-1 / X40CrMoV5-1									
M 不锈钢材料											
1.1 软体(结构),马氏体结构	≤950MPa	X2CrTi12									
2.1 奥氏体结构	≤950MPa	X6CrNMoTi17-12-2	2~10	5~20	2~10	5~20	5~20	5~20	5~20	5~20	5~20
3.1 奥氏体-铁素体结构(双相)	≤1100MPa	X2Cr-NiMoN22-5-3									
4.1 奥氏体-马氏体结构(超过双相)	≤1250MPa	X2CrNiMoN25-7-4									
N 铸铁材料											
片状石墨铸铁(GJL)	100-250 / 250-450MPa	EN-GJL-200(GG20) / EN-GJL-300(GG30)									
球墨铸铁(GJS)	350-450 / 500-900MPa	EN-GJS-400-15(GGG40) / EN-GJS-700-2(GGG70)	5~20	10~30	5~20	10~30	10~30	10~30	10~30	10~30	10~30
蠕墨铸铁(GJV)	300-400 / 400-500MPa	GJV 300 / GGJV 450									
可锻铸铁(GTMW,GTMB)	250-500 / 500-800MPa	EN-3JMW-350-4(GTW-35) / EN-GJMB-450-6(GTS-45)									
N 有色金属 铝合金											
1.1 锻铝合金	≤200MPa / ≤350MPa / ≤550MPa	EN AW-AlMn1 / EN AW-AlMgSi / EN AW-AlZn5Mg3Cu									
1.4 铸铝合金	Si≤7%	EN AC-AlMg5					15~40	15~40	15~40	15~40	15~40
1.5	7%≤Si<12%	EN AC-AlS-iCu3					15~40	15~40	15~40	15~40	15~40
1.6	12%≤Si<17%	GD-AlSi17Cu4FeMg					10~30	10~30	10~30	10~30	10~30
2.1 纯铜,低合金钢	≤400MPa	E-Cu 57					5~30	5~30	5~30	5~30	5~30
2.2 铜锌合金(黄铜,长屑)	≤550MPa	CuZn37(Ms63)					20~60	20~60	20~60	20~60	20~60
2.3 铜锌合金(黄铜,短屑)	≤550MPa	CuZn36Pb3(Ms58)									
2.4 铜铝合金(铝青铜,长屑)	≤800MPa	CuAl10Ni5Fe4					5~25	5~25	5~25	5~25	5~25
2.5 铜铝合金(铝青铜,短屑)	≤700MPa	CuSn8P					5~25	5~25	5~25	5~25	5~25
2.6 铜锡合金(锡青铜,短屑)	≤400MPa	CuSn7ZnPb(Rg7)									
2.7 特殊铜合金	≤600MPa	(AMPCO 8.8)									
2.8	≤1400MPa	(AMPCO 9)									
3.1 镁合金	≤500MPa	MgAl6Zn									
3.2 镁铸合金	≤500MPa	EN-MCMgAl9Zn1									
合成材料											
4.1 热固性塑料(短屑)		Bakelit,Pertinax									
4.2 热塑性塑料(长屑)		PMMA,POM,PVC									
4.3 纤维强化合成材料(纤维含量<30%)		GFK,CFK,AFK									
4.4 纤维强化合成材料(纤维含量≥30%)		GFK,CFK,AFK									
5.1 石墨		C 8000									
5.2 复合材料		W-Cu 80/20									
5.3 混合材料		Hylite,Alucobond									
S 钛合金											
1.1 纯钛	≤450MPa	Ti1					5~15	5~15	5~15	5~15	5~15
1.2 软合金	≤900MPa	TiAl6V4					5~15	5~15	5~15	5~15	5~15
1.3	≤1250MPa	TiAl4MnoSn2									
镍基合金,钴基合金和铁基合金											
2.1 纯镍	≤600MPa	Ni 99,6									
2.2 镍基合金	≤1000MPa	Monel 400									
2.3	≤1600MPa	Inconel 718									
2.4 钴基合金	≤1000MPa	Udimet 605									
2.5	≤1600MPa	Haynes 25									
2.6 铁基合金	≤1500MPa	Incoloy 800									
硬质材料											
H 高抗拉强度钢,淬硬钢,硬铸铁	44~50HRC / 50~55HRC / 55~60HRC / 60~63HRC / 63~66HRC	Weldox 1100 / Hardox 550 / Armox600T / Ferro-Titanit / HSSE									

图 2-102　切削奥氏体不锈钢不通孔丝锥主要型号

2 丝锥

EMUGE Z

Enorm Z/E-X-PM GLT-1	Enorm Z/E-X-IKZ PM-TIN-60	Enorm Z/E-X-IKZ PM-GLT-1	Enorm Z	Enorm Z TIN	Enorm Z GLT-1	Enorm Z-IKZ GLT-1	Enorm Z/E	Enorm Z/E TIN	Enorm Z/E GLT-1	Enorm Z/E-IKZ	Enorm Z/E-IKZ TIN	Enorm Z50	Enorm Z50 TIN
E/1,5-2	E/1,5-2	E/1,5-2	C/2-3	C/2-3	C/2-3	C/2-3	E/1,5-2	E/1,5-2	E/1,5-2	E/1,5-2	E/1,5-2	C/2-3	C/2-3
			max.3×d_1										
57,79 123 142,146 154,158	57,79 123	57,79 123	58,81 143,147	58,81	58,81	58,81	59,81,91 107,124 143,147 155,159	59,81 107,124 143,147 155,159		59 124	59,81 124	59,82	59,82
171	171	171					172,180 182,183	172,180 182,183					
			217,219				217~227 229,231	217~227 229,231					
			5~25	15~45	15~45	15~45	5~25	15~45	15~45	5~25	15~45	5~25	15~45
10~60	10~60	10~60	5~20	10~40	10~40	10~40	5~20	10~40	10~40	5~20	10~40	5~20	10~40
5~40	5~40	5~40	2~15	5~25	5~25	5~25	2~15	5~25	5~25	2~15	5~25	2~15	5~25
5~30	5~30	5~30	2~10	5~20	5~20	5~20	2~10	5~20	5~20	2~10	5~20	2~10	5~20
5~20	5~20	5~20	2~10	5~20	5~20	5~20	2~10	5~20	5~20	2~10	5~20	2~10	5~20
10~30	10~30	10~30											
15~40	15~40	15~40		15~40	15~40	15~40		15~40	15~40		15~40		15~40
15~40	15~40	15~40		15~40	15~40	15~40		15~40	15~40		15~40		15~40
10~30	10~30	10~30		10~30	10~30	10~30		10~30	10~30		10~30		10~30
5~30	5~30	5~30	5~20	5~30	5~30	5~30	5~20	5~30	5~30	5~20	5~30	5~20	5~30
20~60	20~60	20~60		20~60	20~60	20~60		20~60	20~60		20~60		20~60
5~25	5~25	5~25		5~25	5~25	5~25		5~25	5~25		5~25		5~25
5~25	5~25	5~25		5~25	5~25	5~25		5~25	5~25		5~25		5~25
5~15	5~15	5~15		5~15	5~15	5~15		5~15	5~15		5~15		5~15

（图片素材源自埃莫克法兰肯）

这四种丝锥里，第二种和第四种型号中包含的"IKZ"在厂方标记中属于带中心内冷用于不通孔（如图2-10b所示，另有包含"IKZN"属于容屑槽内冷却用于通孔如图2-10c所示），但带内冷的丝锥价格较高；而第一种和第二种型号中包含的"PM"属于粉末冶金高速钢，价格也较高，由于使用者对价格比较敏感，因此决定首先选择EnormZGLT-1试验，而埃莫克法兰肯的经验说明GLT-1涂层对防止黏结非常有效，这可能使使用者在可接受的刀具价格之内达到其期望。在绿框所指示的第58页（图

2-104）中，按照红色箭头和蓝色箭头，找到了描述为Enorm1-Z-GLT-1 M6-ISO2/6H（刀具识别号B050C400.0060）的丝锥。

经试验，用切削速度v_c=15m/min（800r/min）测试，寿命达3000孔；后推荐使用埃莫克法兰肯的亚刚性攻螺纹刀柄（又称为微量长度补偿刀柄），切削速度提到20m/min（1000r/min），寿命提升到3800孔，也没有出现之前的种种不正常状况，EnormZ GLT-1系列，完全满足了该使用者加工不锈钢材料的多种要求。

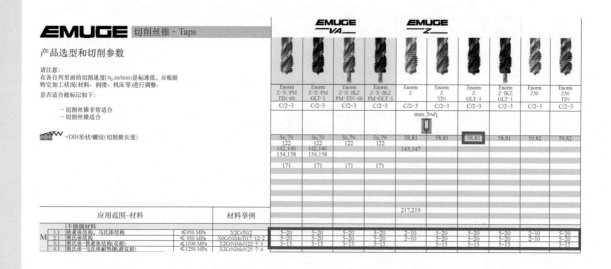

图2-103　C型切削锥的切削奥氏体不锈钢丝锥
（图片素材源自埃莫克法兰肯）

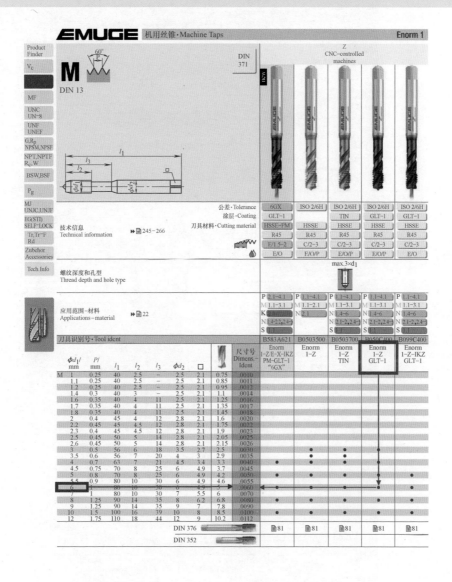

图 2-104　实例丝锥选择结果（图片素材源自埃莫克法兰肯）

3

螺纹铣刀

螺纹铣刀概述

3.1.1 螺纹铣削的特点

螺纹铣削时，螺纹铣刀沿着螺旋刀具路径运动（通过三轴联动而形成的螺旋插补，而螺旋插补包括在 OXY 平面的圆周运动和在垂直于该平面的 Z 方向的同步线性运动），同时沿着自身轴线旋转。刀具的螺纹牙型（根据所需形状）一般需磨制而成。与丝锥和板牙相比，螺纹铣刀上没有螺纹升角，因此其牙型垂直于刀具轴。同时，螺纹铣刀的大径要小于被加工螺纹小径并且需要有一定的差值（这一点后面会详细叙述）。

螺纹铣刀属于产生切屑的加工刀具，这一点与切削丝锥以及普通铣刀一样，但与挤压丝锥或板牙、搓丝板、滚丝轮的无屑挤压成形则完全不同。

螺纹铣刀的优势可通过扫描图 3-1 所示的二维码观看视频进行了解。总体而言，与螺纹车削或攻螺纹相比，其可进行大尺寸加工，可加工非对称的不平衡零件，有较低的切削力和切削功率，可加工有多个同螺距不同直径的螺纹的工件，非连续切削的切屑较短而不会缠屑，退刀槽不再是必须的，左旋螺纹或右旋螺纹、外螺纹或内螺纹不必使用

不同的刀具，可转位的螺纹铣刀同一刀杆可以用于非常广泛的螺纹加工，刀片损坏的损失相对较小，表面质量可能较好，可以修正螺纹直径，从而避免工件报废等。

图 3-1　螺纹铣刀的优势
（视频素材源自瓦格斯）

3.1.2 螺纹铣刀的分类

螺纹铣刀的材质绝大部分是硬质合金，当然也有少量的人造金刚石（PCD）和很少量的高性能高速钢（HSS-E）。

硬质合金螺纹铣刀主要分为整体硬质合金螺纹铣刀和可转位硬质合金螺纹铣刀两类。

整体硬质合金螺纹铣刀如图 3-2 所示，其中，左上是短头的螺纹铣刀，右上是直槽的螺纹铣刀，左下是右旋螺旋槽的螺纹铣刀，右下是左旋螺旋槽的螺纹铣刀。

另外，还常见带内冷孔的整体硬质合金螺纹铣刀以及钻铣倒角复合的整体硬质合金螺纹铣刀，如图 3-3 所示。

图 3-4 所示为几种可转位硬质合金螺纹铣刀，左边两种是轴向单牙（径向不计）的螺纹铣刀，左一是平装刀片而左二是立装刀片（平装、立装的选择可参见《数控铣刀选用全图解》），左三与左四是轴向多牙刀片的带削平圆柱柄的螺纹铣刀，左五是轴向大间距多齿螺纹铣刀，适合加工较深的螺孔，左六是轴向多牙刀片的套式螺纹铣刀，而右一则是用于加工外螺纹的套式螺纹铣刀。

图 3-5 为换头式（类似于模块化整体硬质合金头铣刀或换头式铰刀）和冠齿式（类似于冠齿钻）硬质合金螺纹铣刀，多为轴向单牙的结构。这种结构多用于较小的螺纹直径，可根据需要更换不同的刀杆，以在满足加工工况的条件下获得更好的工艺系统刚性，在加工效率和刀具库存成本方面获得更好的平衡。

图 3-2　几种不同的整体硬质合金螺纹铣刀
（图片素材源自欧仕机）

图 3-3　两种带内冷孔的整体硬质合金螺纹铣刀（图片素材源自埃莫克法兰肯）

图 3-4　几种可转位硬质合金螺纹铣刀（图片素材源自欧仕机、埃莫克法兰肯及瓦尔特）

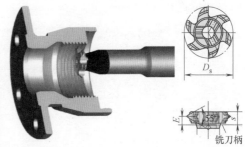

图 3-5　换头式和冠齿式硬质合金螺纹铣刀（图片素材源自高迈特及号恩）

▶ 3.1.3　螺纹铣削方法

■ **螺纹铣削路径**

内螺纹铣削轨迹示意图如图 3-6 所示。

铣内螺纹的一个完整走刀过程大致分为七个阶段：第 1 阶段为铣刀至螺纹中心下刀到指定深度；第 2 阶段如图 3-6 中①→②的一段，从中心到铣刀大径接近但未接触螺纹小径位置的径向直线进刀；第 3 阶段如图 3-6 中②→③的圆弧段，目的是缓慢、平稳地增加切削深度（参见《数控铣刀选用全图解》图 6-2 的弧形切入式）；第 4 段是沿图 3-6 中③→④位置（实际是轴向差一个螺距而在 OXY 平面上的同一位置，见图 3-7）圆弧插补（轴向多牙的螺纹铣刀大多只走一个

整圈，而对于轴向单牙螺纹铣刀，螺纹长度有几牙就必须走几圈）；第 5 阶段是开始退出，沿图 3-6 中④→⑤的一段弧形切出，同样是缓慢、平稳地减少切削深度；第 6 段是沿图 3-6 中⑤→⑥的径向直线退刀，螺纹铣刀的中心回到被加工内螺纹中心；第 7 段则是在图 3-6 中的位置⑥轴向直线退刀。如果一些铣刀刚性不足，可能在径向需要分层切削，这时第 7 步就不是完全退出，而是退到 OXY 平面上的同一位置但轴向不同的位置①，重新开始第 2～7 步的过程。

另一种走刀路径是直接由位置①兼作位置②，通过圆弧插补直接用弧形切入式走刀到位置③。同样，可由位置④直接圆

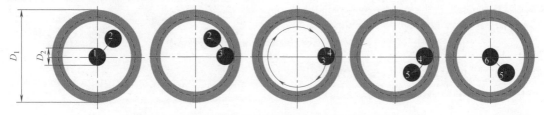

图 3-6　内螺纹铣削轨迹示意图（图片素材源自瓦格斯）

弧切出到位置⑥。

建议在阶段 3 即图 3-6 中②→③的弧形切入阶段，将进给量控制在③→④螺纹铣削阶段的 70% 以下。一个实际案例是，某螺纹的③→④螺纹铣削阶段进给量为 0.3mm/z，而在②→③的弧形切入阶段的进给量选取了 0.09mm/z。

外螺纹的铣削过程也类似，如图 3-8 所示，只不过把所有过程在一个图上表示了。

■ **顺铣和逆铣**

螺纹铣削与其他铣削一样，也有顺铣和逆铣的问题。关于顺铣和逆铣的概念，可以参见《数控铣刀选用全图解》中的图 1-27 和图 1-28，只不过在螺纹铣削中，常常由螺纹铣刀的自转完成切削运动，而由螺纹铣刀的公转（类似图 3-6 中的③→④）完成进给运动。图 3-9 分别是螺纹铣刀自转（深黄色箭头）和公转（绿色箭头）的方向同向和反向对顺铣或逆铣的影响。

图 3-10 为内、外螺纹顺铣和逆铣示意图。

■ **编程进给速度**

同样，由于螺纹铣削是插补铣，而插补铣的刀具中心进给速度一定不同于刀齿的进给速度，如果不使用螺纹铣削的专用软件编程，在螺纹铣削时的进给速度就会出错。[可参考《数控铣刀选用全图解》中的图 6-10 和图 6-11，分别使用式 (6-1) 和式 (6-3) 计算编程的刀具中心进给速度]。

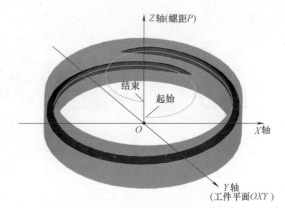

图 3-7　圆弧插补轨迹示意图
（图片素材源自埃莫克法兰肯）

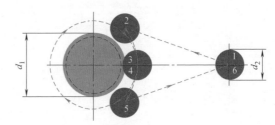

图 3-8　外螺纹铣削轨迹示意图
（图片素材源自瓦格斯）

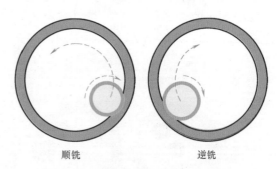

顺铣　　　　　逆铣

图 3-9　内螺纹铣削的顺铣和逆铣
（图片素材源自瓦格斯）

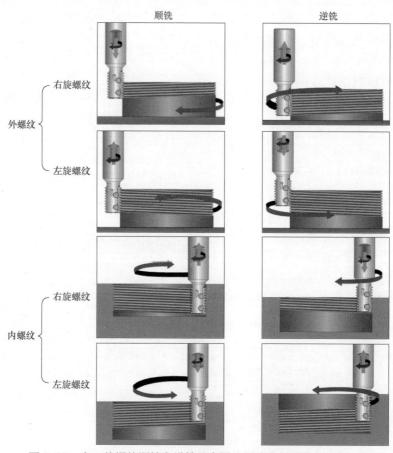

图 3-10　内、外螺纹顺铣和逆铣示意图（图片素材源自瓦格斯）

3.2　螺纹铣刀的选用

3.2.1　螺纹铣刀的材质和涂层

　　如上所述，螺纹铣刀的刀具材质绝大部分是硬质合金，当然也有少量的人造金刚石（PCD）和很少量的高性能高速钢（HSS-E）。

　　螺纹铣刀的表面涂层也与其他铣刀

类似，埃莫克法兰肯的螺纹铣刀涂层如图3-11所示，其中整体硬质合金螺纹铣刀有蓝灰色的氮碳化钛（TiCN）、两种均为紫灰色的氮铝化钛（TiAlN-T3和TiAlN-T4）3种涂层，可转位螺纹铣刀有氮化钛（TiN）1种涂层，4种涂层均采用物理气相沉积（PVD）法。埃莫克法兰肯介绍，两种均为紫灰色的氮铝化钛的区别是，TiAlN-T3的硬度约为3500HV，单一涂层抵御温度为800℃，高硬度和强抗氧化性使该涂层是在难加工条件下的首选，该涂层仅能用于硬质合金刀具；而TiAlN-T4的硬度约为3000HV，这微结构涂层抵御温度为800℃，该涂层能用于硬质合金和高性能高速钢（HSS-E）刀具，是铸铁干式螺纹铣削的极佳选择。

几何特征	TiN	TiCN	TiAlN-T3	TiAlN-T4
硬度 HV0.05	2300	3000	3500	3000
摩擦系数	0.4	0.4	0.4	0.4
工作温度/℃	<600	<400	<800	<800
涂层类型	PVD	PVD	PVD	PVD
涂层结构/层数	纳米层	多层	纳米层	纳米结构
涂层厚度/μm	2~4	2~4	2~4	2~4
涂层颜色	金黄	蓝灰	紫灰	紫灰

图3-11　螺纹铣刀涂层
（图片素材源自埃莫克法兰肯）

3.2.2　螺纹铣刀的几何角度

前角与后角

螺纹铣刀的前角、后角的定义与普通铣刀并无太大差别，图3-12所示为可转位螺纹铣刀的径向前角 γ_p（图中红色）、径向后角 α_p（图中绿色）。但由于螺纹存在牙型角，大部分螺纹两侧牙型的法向前角、法向后角会与这种径向前角及径向后角有较大差别（图3-13）。即使刀片的径向后角都是10°（右侧黑色表示），不同螺纹的两侧法向后角仍然有很大差别：牙型角为55°和60°的普通螺纹两侧的法向后角基本是5°2′（红色表示）；牙型角为29°的美制梯形螺纹和牙型角为60°的米制梯形螺纹两侧的法向后角基本是2°32′（蓝色表示）；而一侧30°牙型半角、另一侧3°牙型半角的锯齿形螺纹两侧的法向后角分别为7°6′和1°14′（绿色表示）。当法向后角较小时，刀具后面

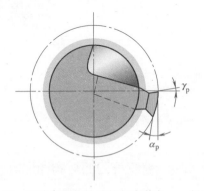

图3-12　可转位螺纹铣刀的径向前角 γ_p、径向后角 α_p（图片素材源自瓦格斯）

与已加工的工件牙侧的摩擦会比较严重，有时不得不在这样的时候减少进给量。

■ *螺旋角*

◆ *直槽与螺旋槽*

直槽与螺旋槽相比，螺旋槽刀具可以减少铣削时的径向压力和轴向压力，从而使切削更加平稳。但是，螺旋槽刀具因两侧牙侧和沟槽的角度可能相差很大（图3-14），切削时的切削刃相对不平稳，比较容易引起排屑不畅，这点应引起使用者的注意。

◆ *左旋与右旋*

螺旋角的旋向常常会对螺纹的精度产生影响（图3-15）。以轴向多齿的右切铣刀为例，右旋螺旋槽的铣刀常常是远端最先接触工件，这会造成铣刀远端负荷较大，刀具比较容易变形大，会不得不减少切削用量或采用分层切削的方式来减少变形；但如果采用左旋右切的方式，刀具最先接触工件开始切削的将是比较靠近刀柄的近端，而远端经过之前刀齿的切削，切削层会大大减薄，前端的负荷会大大减轻，刀具的挠度会大大减小。这样就可以使用较高的切削用量，从而可以提高加工效率，降低加工成本。

3.2.3 影响螺纹牙型的主要因素

由于螺纹铣刀本身没有螺纹升角，

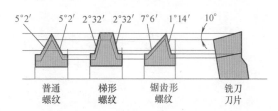

图3-13 牙型角对法向后角的影响（图片素材源自瓦格斯）

 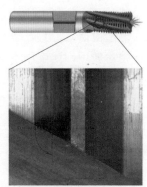

在牙侧和沟槽之间的角度90°/90°　　在牙侧和沟槽之间的角度120°/60°

a) 直槽　　　　　　　　b) 右旋螺旋槽

图3-14 直槽与螺旋槽对排屑的影响
（图片素材源自埃莫克法兰肯）

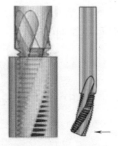 

靠近顶部一侧的切削刃首先开始加　靠近柄部一侧的切削刃首先开始
工使让刀现象变得严重　　　加工实现让刀轻微加工（推荐顺铣）

a) 右旋右切　　　　　　b) 左旋右切

图3-15 螺旋角的旋向对刀具变形的影响
（图片素材源自欧仕机）

85

螺纹铣刀的直径与螺纹牙型有较大的关系。如图 3-16 所示，较小直径的螺纹铣刀（图中红色）在铣削相同直径的螺纹时加工出的牙型与要求的牙型比较接近，而较大直径的螺纹铣刀（图中绿色）在铣削相同直径的螺纹时加工出的牙型与要求的牙型比较远，牙型显得较为消瘦单薄。但直径较小的螺纹铣刀刚性相对较弱，切削中不得不采取分层切削的方法，这样会降低加工效率。

实际上这种牙型的变形不但与刀具和螺纹直径的比例有关，而且与螺纹升角、齿侧角度有关。

图 3-17 为螺纹升角对牙顶宽度的影响。原始的螺纹要求是 M48×5 的螺纹升角为 1.9°。由于铣刀本身没有螺纹升角，其铣 0°螺纹升角时（即加工的是环形槽而不是螺纹），牙顶宽为 0.3mm；但当铣削螺纹升角为 1.9°的 M48×5 内螺纹时，牙顶宽会增加到 0.4mm；如果将铣削的螺纹升角调大到 5°，牙顶宽会进一步增加到 0.5mm。

图 3-18 为螺纹升角对牙型角的影响。由于这个影响在范围较小时不太明显，这里采用了较为夸大的试验数据：分别选用了 0°、10°和 20°三种螺纹升角。试验表明，当升角为 0°时（即加工的是环形槽而不是螺纹），加工出的牙型角约为 60°，牙顶基本呈平顶；当螺纹升

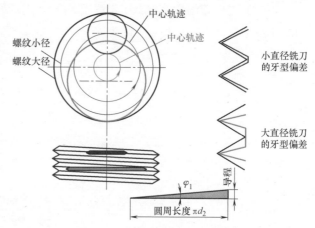

图 3-16　螺纹铣削中牙型的变形
（图片素材源自埃莫克法兰肯）

图 3-17　螺纹升角对牙顶宽度的影响
（图片素材源自埃莫克法兰肯）

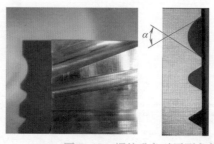

图 3-18　螺纹升角对牙型角的影响
（图片素材源自埃莫克法兰肯）

角增加到 10° 时，牙型角减小到约为 57°，直线的牙型高度开始变短，牙顶也开始呈弧顶；而当螺纹升角增加到 20° 时，牙型角减小到仅约为 30°，直线的牙型高度大大变短，牙顶也呈大的弧顶，与螺纹铣刀的牙型已经相差很远。图 3-19 所示为螺纹升角对牙顶圆角的影响：螺纹升角越大，牙顶圆角就会越大。

因此，为了避免内螺纹加工时出现严重的牙型偏差，应注意螺纹铣刀的直径不应超过被加工螺纹尺寸的 2/3（对于细牙螺纹为 3/4），对于外螺纹，螺纹铣刀的直径则不应超过外螺纹直径。

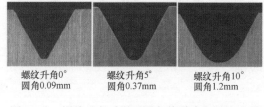

螺纹升角0° 螺纹升角5° 螺纹升角10°
圆角0.09mm 圆角0.37mm 圆角1.2mm

图 3-19　螺纹升角对牙顶圆角的影响（图片素材源自埃莫克法兰肯）

3.2.4　整体硬质合金螺纹铣刀的选用

图 3-20 为各种整体硬质合金螺纹铣刀。下面选择其中一些常见的做简单介绍。

■ 直槽螺纹铣刀

直槽螺纹铣刀如图 3-21 所示。这种铣刀的特点是：所有牙同时工作，因此相对具有较高的负荷，使用螺纹深度不超过大径 1.5 倍的螺孔，通常是非常经济的解决方案。

■ 螺旋槽铣刀

◆ 普通螺旋槽铣刀

比较简单的普通螺旋槽铣刀如图 3-22 所示。这种铣刀切削力较低，能减少刀具与工件间的接触区，是通孔的常见应用，无内冷孔时常采用外冷却排屑。外冷的切削液也能直达切削区域，也可以多方向冷却，但对于小尺寸刀具却不做推荐。

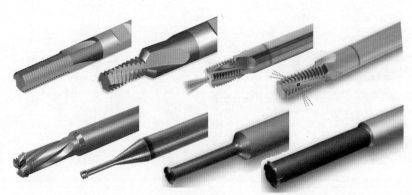

图 3-20　各种整体硬质合金螺纹铣刀（图片素材源自瓦格斯）

图 3-21　直槽螺纹铣刀

图 3-22　普通螺旋槽铣刀（图片素材源自瓦格斯）

◆ 带内冷孔的螺旋槽铣刀

带中心内冷孔的螺旋槽铣刀如图 3-23 所示。这种铣刀除具备普通螺旋槽铣刀切削力较低，能减少刀具与工件间的接触区的特点之外，其中心内冷孔在很小的不通孔中能有效冷却和排屑，具有更高的生产率和更长的刀具寿命。推荐将其应用于螺纹深度不超过大径 3 倍的小直径不通螺孔中。

◆ 带径向内冷孔的螺旋槽铣刀

带径向内冷孔的螺旋槽铣刀如图 3-24 所示。这种铣刀除具备普通螺旋槽铣刀切削力较低，能减少刀具与工件间的接触区的特点之外，直接将冷却剂输送到切削刃，在加工通孔时也能有效冷却，在外冷却缺乏或无效时是良好的解决方案。

上述三种螺旋槽铣刀的排屑效果示意如图 3-25 所示。左侧两种是不通孔的排屑效果：左一的无内冷孔铣刀的切屑将被外

面的切削液（一般简称为外冷）冲至螺纹底孔中，若底孔不够深，会使铣刀在下行过程中受阻（轴向向上铣要好些）；左二则是带中心内冷孔的效果，切削液通过铣刀底部冲至不通孔孔底，反流将切屑排出孔外。右面三种是通孔的排屑效果：右三是切削液直接沿沟槽冲至切削区，把切屑从通孔底部排出；右二是带中心内冷孔的效果，上面显示了一个是中心的切削液直接流走，未起到排屑作用，另一个是切削液被沟槽反弹，进入沟槽的切削液较少，排屑效果不够良好；而右一是带径向内冷孔的铣刀，切削液能顺利地将切屑从孔的底部带走。

◆ 左旋螺旋槽铣刀

左旋螺旋槽铣刀如图 3-26 所示。之前（图 3-15）已经介绍过，采用左旋右切的方式能使刀具的挠度大大减少，可以使用较

图 3-23　带中心内冷孔的螺旋槽铣刀
（图片素材源自瓦格斯）

图 3-24　带径向内冷孔的螺旋槽铣刀
（图片素材源自瓦格斯）

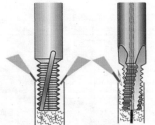

图 3-25　几种螺旋槽铣刀的排屑效果示意
（图片素材源自瓦格斯）

高的切削用量，从而可以提高加工效率，降低加工成本。因此，对于硬度、强度较高（如抗拉强度 ≥ 1400MPa）的内螺纹加工，这种螺纹铣刀的优势更为明显。当然，在这样的硬度、强度较高的材料上预钻孔是必需的，不能采用下面介绍的钻铣一体的螺纹铣刀。如果工件的硬度、强度较高，建议在孔口事先进行倒角。

■ 复合加工螺纹铣刀

螺纹铣刀中复合加工的螺纹铣刀的品种并不少见。

◆ 去除不完整牙的螺纹铣刀

图 3-27a 为去除不完整牙的螺纹铣刀。在这种铣刀的螺纹收尾部分，至少有一倍螺距长的一段被磨成无牙型而带有小的主倾角从而成为类似于立铣刀的圆周切削刃，这样在铣削过程中，在最后一个螺距时，不完整的螺纹收尾及毛刺将被铣掉，其效果如图 3-27b 所示。

图 3-26　左旋螺旋槽铣刀
（图片素材源自埃莫克法兰背）

a)　　　　　　　b)

图 3-27　去除不完整牙的螺纹铣刀及效果
（图片素材源自埃莫克法兰背）

◆ 带倒角的螺纹铣刀

带倒角的螺纹铣刀有两种基本形式，它们都能节约加工时间，节约刀具库空间。第一种是将倒角齿安排在铣刀的前端，如图 3-28 所示，红色部分即为倒角齿。

另一种则是后端带倒角齿，如图 3-29 所示。

两种铣刀都相当于一把倒角铣刀与一把螺纹铣刀的组合，如图 3-30 所示（图中

图 3-28　前端带倒角齿的螺纹铣刀
（图片素材源自埃莫克法兰背）

图 3-29　后端带倒角齿的螺纹铣刀
（图片素材源自瓦格斯）

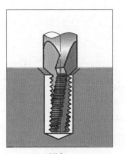

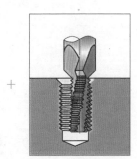

倒角　　　　　＋　　　　　螺纹铣

图 3-30　带倒角齿的螺纹铣刀示意
（图片素材源自瓦格斯）

所示铣刀后端带倒角齿）。倒角与螺纹铣的加工顺序并无严格要求，但一般推荐先倒角，这样可以缓解螺纹铣刀切入时铣刀螺纹根部的切削负荷，有利于螺纹的平稳加工。而且，工件材料强度、硬度越高，这种效果就会越明显。

◆ 带底孔加工的螺纹铣刀

带底孔加工的螺纹铣刀如图 3-31 所示。这种铣刀有点像硬质合金键槽铣刀（可参见《数控铣刀选用全图解》中的图 4-23），但其圆周齿改成了螺纹铣刀模式。由于其圆周铣削工艺，因此它并不需要像键槽铣刀那样沿轴线进给，可通过螺旋插补由端齿完成底孔加工（这样钻削螺纹底孔就不再必要了），而螺纹底孔和螺纹本身能在同一工序中完成。图 3-31 中带红圈处就是其用于底孔加工的刀齿，由于其端齿设计的主偏角，该端齿还可以被用于倒角。

◆ 钻、铣螺纹和倒角 3 合 1 的螺纹铣刀

钻、铣螺纹和倒角 3 合 1 的螺纹铣刀如图 3-32 所示。该铣刀集螺旋内冷螺纹铣刀、倒角刀和钻头于一体。该 3 合 1 铣刀的基本加工流程如图 3-33 所示，可以在批量生产中非常快速地完成加工任务。但该铣

刀只推荐用于加工软材料（如铝合金）或短切屑材料（如铸铁），而且每把刀具只适合一个场景。

在整个加工流程（图 3-33）中，自左至右大致分为 7 个过程：①准备，即刀具中心移到待加工的螺孔中心；②钻孔（同时完成倒角）；③提刀半个螺距，以使作为钻头的前端与孔底脱离接触（见该位置上方放大图）；④圆弧切入到铣螺纹的起始位置（刀具中心在 OXY 平面的走刀轨迹见该位置上方红色箭头，下面两步的走刀轨迹同样表示）；⑤螺旋插补一圈（同时铣螺纹和退刀槽）；⑥弧形退回到螺孔中心位置；⑦提刀完工。

图 3-34 为短头 3 合 1 的螺纹铣刀。这种 3 合 1 的螺纹铣刀头部仅有两牙，其中第 1 牙用于底孔、螺纹牙的粗铣以及倒角（该倒角与图 3-28 所示的前端倒角类似），而第 2 牙则是螺纹全牙，仅用于螺纹的精加工。这种螺纹铣刀每螺旋插补一圈就完成 1 个螺纹牙的完整加工，因此铣刀上的负荷并不太大，一般推荐用于螺纹深度不超过大径 2.5 倍的螺孔加工。

图 3-31　带底孔加工的螺纹铣刀
（图片素材源自埃莫克法兰肯）

图 3-32　钻、铣螺纹和倒角 3 合 1 的螺纹铣刀
（图片素材源自埃莫克法兰肯）

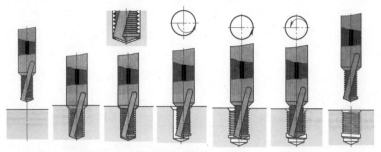

图 3-33 钻、铣螺纹和倒角 3 合 1 的螺纹铣刀的基本加工流程（图片素材源自埃莫克法兰肯）

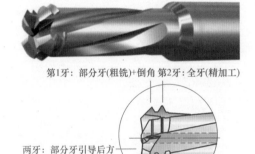

第1牙：部分牙(粗铣)+倒角 第2牙：全牙(精加工)

两牙：部分牙引导后方
的全牙以完成精加工

1个螺距

图 3-34 短头 3 合 1 的螺纹铣刀
（图片素材源自瓦格斯）

该铣刀的基本加工流程如图 3-35 所示。该流程与图 3-33 有些相似，但其没有钻孔、切退刀槽的程序，倒角程序移到了螺孔的螺纹加工完成之后。另外更大的区别是图 3-33 所示的流程铣螺纹基本只走一个螺旋插补（轴向向上），而该铣刀需要按被加工螺纹的牙数，每个牙走一个螺旋插补（轴向向下），因此螺旋插补的圈数比较多。另外，该刀具是左旋，切削方向一般应采用

顺铣，右旋螺纹推荐使用数控机床控制指令的 M04 代码来进行加工。

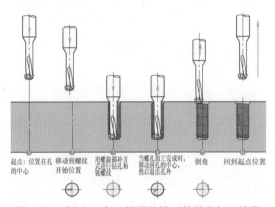

起点：位置在孔　移动到螺纹　用螺旋插补方　当螺孔加工完成时，　倒角　回到起点位置
的中心　　　　开始位置　　式进行钻孔和　移动到孔的中心，
　　　　　　　　　　　　铣螺纹　　　然后退出孔外

图 3-35 短头 3 合 1 的螺纹铣刀的基本加工流程
（图片素材源自瓦格斯）

图 3-36 所示为该铣刀的几种切削液供给方式，首选的方式是切削液从铣刀刀柄夹头的端面近乎与刀具轴线平行地喷向刀具，其次是铣刀中心内冷（仅限于不通孔）。如果使用外冷，必须注意冷却喷头的方向，要确保切削液能直接通过铣刀大径与工件螺纹大径之间的空隙进入切削区，而不要让切削

液喷在工件表面再无压力地流进空隙，这常常对于排屑而言没有足够的力量。

图 3-37 所示的两种刀柄应该都能达到切削液从铣刀刀柄夹头的端面近乎与刀具轴线平行地喷向刀具的效果。

■ 硬材料和难加工材料的螺纹铣刀

◆ 硬材料的微型螺纹铣刀

图 3-38 所示的螺纹铣刀是短头 3 合 1 的变形，其依然是粗加工 - 精加工的两牙，左旋，但它一般不用于钻孔（无钻孔所需的排屑空间）和倒角，而是专用于硬材料的微型螺纹加工。它具有 4 ～ 6 个较浅的沟槽，强度得到了提高，可加工硬度至 62HRC 的工件。

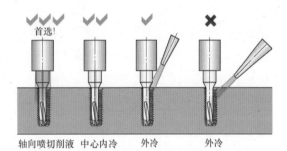

轴向喷切削液　中心内冷　外冷　外冷

图 3-36　短头 3 合 1 的螺纹铣刀几种切削液供给方式（图片素材源自瓦格斯）

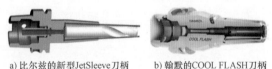

a) 比尔兹的新型 JetSleeve 刀柄　b) 翰默的 COOL FLASH 刀柄

图 3-37　两种切削液平行刀具轴线的刀柄（图片素材源自比尔兹和翰默）

◆ 难加工材料的螺纹铣刀

图 3-39 是一种用于难加工材料的小铣刀，具有 3 个沟槽，头部带有 3 牙的螺纹切削齿。它用在丝锥易断的场合非常有效，可以用相对较高的进给以缩短加工时间，切削负荷相对较轻，对短螺纹的成本效益较高。厂家提供了一个在以色列加工 S316 含钼不锈钢上直径约 2.3mm 的统一螺纹 4-40UNC 的案例，之前的丝锥只能加工 25 ～ 30 个工件，采用 MilliPro 短头螺纹铣刀后刀具寿命增加到了 400 件。

■ 细小螺纹铣刀

图 3-40 为加工细小螺纹的单齿结构铣刀，用于加工不大于 M3 的细小内螺纹，可以加工铝、铝合金、铸铁、低合金钢和低于 1400MPa 抗拉强度的高合金钢、不锈钢、钛合金以及一些人工合成材料。对于这种单齿结构铣刀，厂家强调预制的螺纹底孔、底孔孔口的倒角都是必需的。

图 3-38　硬材料用短头螺纹铣刀 MilliPro HD（图片素材源自瓦格斯）

图 3-39　难加工材料用短头螺纹铣刀 MilliPro（图片素材源自瓦格斯）

3.2.5 可转位螺纹铣刀的选用

图3-41为几种可转位螺纹铣刀。下面选择其中一些常见的做简单介绍。

■ 多牙刀片螺纹铣刀

◆ 单刀片螺纹铣刀

图3-42为平装多牙单刀片螺纹铣刀。上方第一种使用类似梯形的刀片（图3-43左侧），依靠梯形的两侧进行定位，而夹紧与《数控车刀选用全图解》中图3-18所示的螺钉式夹紧一致；下方第二种则是带弧形装夹区或带轴向定位坑的长条刀片，其径向定位依靠基本与螺纹中径平行的平面，而轴向则是圆弧与刀杆中特制的定位槽相贴合或用定位螺钉顶在定位凹坑中。

对于这两种铣刀，第一种经济性较好，得到比较广泛应用，后一种可加工更深的螺孔。两种能加工的内螺纹直径大约从10mm起，都能通过专用的刀片槽和相应的刀片来加工60°密封管螺纹（图3-44）。

◆ 双刀片和多刀片螺纹铣刀

面对深螺孔，除了采用图3-42中下方的铣刀之外，采用图3-42中上方的铣刀要进行更多的螺旋插补（当然要采用图3-45所示的长悬伸刀杆），还可以采用轴向接刀片的双刀片螺纹铣刀（图3-46），其原理与《数控铣刀选用全图解》中图4-6b所示的全齿结构玉米铣刀有些类似。

图3-40 加工细小螺纹的单齿结构铣刀（图片素材源自埃莫克法兰肯）

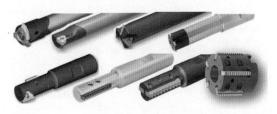

图3-41 几种可转位螺纹铣刀（图片素材源自瓦格斯及埃莫克法兰肯）

图3-42 平装多牙单刀片螺纹铣刀（图片素材源自瓦格斯）

图3-43 三种平装多牙螺纹铣刀刀片（图片素材源自瓦格斯）

图3-44 平装多牙单刀片的60°密封管螺纹铣刀（图片素材源自瓦格斯）

图3-45 悬伸加长的螺纹铣刀（图片素材源自瓦格斯）

另一种双刀片的类型是在轴向相同位置，圆周方向相隔180°布置两个刀片，如图3-47所示上方的螺纹铣刀。这样的螺纹铣刀的特点就是可以提高生产率。当然，如果直径更大，更多的刀片也很常见，如图3-47所示下方的螺纹铣刀。而更多的刀片数量多见于套式螺纹铣刀，如图3-48所示。当然，相较于圆柱柄的杆式螺纹铣刀，套式螺纹铣刀可以使用接长杆（图3-49），这样就可能达到接近需求的铣刀杆长度。

图3-46　轴向接刀片的双刀片螺纹铣刀
（图片素材源自瓦格斯）

图3-47　圆周双刀片和多刀片的螺纹铣刀
（图片素材源自瓦格斯）

图3-48　套式螺纹铣刀（图片素材源自瓦格斯）

另外多牙刀片也能做成内齿铣刀模式（图3-4右一）。

■ 单牙刀片螺纹铣刀

毫无疑问，多牙刀片同时加工会存在两个问题。

第一个问题是一种刀片只能加工一种螺距的螺纹，在这点上比较接近《数控车刀选用全图解》中图5-32所示的完整牙型（又称为全牙）加工，对于大批量生产无疑是首选，但对于小批量生产而螺纹要求又不高时，显得极不经济。

第二个问题是刀杆在铣削时或多或少处于悬臂梁模式（图3-15a），多牙螺纹铣刀的各牙会不在同一直径上，这样就会造成各牙的中径并不相同。

图3-50为平装单牙刀片螺纹铣刀：左方自上而下三种形式的刀杆，上面一种是刀片对中的形式，它适应的螺距较大，典型的刀片如右上方所示，但这种螺纹铣刀 L_2 尺寸较大（图3-51a）；中间一种是将刀片做成全牙模式，虽然由于牙顶削平高度的限制不宜用于铣削其他螺纹，但其 L_2 尺寸较前面一种要小一些（图3-51b）；而下

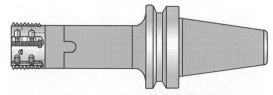

图3-49　使用接长杆的套式螺纹铣刀
（图片素材源自瓦格斯）

面一种则做成了 L_2 尺寸很小的结构（图3-51c），右下方就是安装在该刀杆上的刀片形式（图示是用于加工梯形螺纹的刀片），但单个刀片上可用的切削刃数较少。

这种刀杆的另一个好处是可以每个螺纹环走不同的直径以适合单件、少量加工圆锥螺纹的需要。

这类刀杆的圆柱柄还会有两种加长的形式，一种是钢制的圆柱柄，这种刀杆在有需要时可以按使用要求截短（图3-52上方）以符合个性化的悬伸要求；另一种是在刀头之后焊接了整体硬质合金的刀杆（图3-52下方），以满足长悬伸高刚性的需求，保证一定的加工效率。

图 3-50　平装单牙刀片螺纹铣刀（图片素材源自瓦格斯）

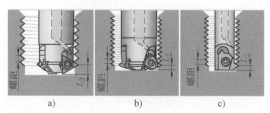

a)　　　　b)　　　　c)

图 3-51　三种平装单牙刀片的 L_2 尺寸示意（图片素材源自瓦格斯）

◆ 跳牙的单牙刀片螺纹铣刀

图3-53为跳牙的单牙刀片螺纹铣刀，图示的铣刀有3组刀片，每组刀片都相当于一个图3-50所示上方的部分牙螺纹铣刀。对于很深的螺纹，只要被加工的螺距能被铣刀两组刀尖的距离整除，它就能成倍地提高深孔螺纹的铣削效率，同时又不致使螺纹的铣削效率过低。

■ **立装结构的单牙螺纹铣刀**

◆ 冠齿型螺纹铣刀

图3-54为弧边冠齿结构的螺纹铣刀，这种结构是一种在刀杆端部做出与刀片（图3-55a）外形相匹配的刀片槽，将整个刀片外围的3个凹形圆弧嵌入到刀杆的刀片槽中一半左右的深度，再在端面用螺钉锁紧（图3-55b）。这种定位和受力方式有

图 3-52　两种加长的平装单牙刀片螺纹铣刀（图片素材源自瓦格斯）

图 3-53　跳牙的单牙刀片螺纹铣刀（图片素材源自瓦尔特刀具）

些与多棱弧形空心短锥（CAPTO）类似，承受转矩的能力较强。图3-56为直边冠齿结构的螺纹铣刀，只不过它刀片周边与刀片槽之间的接触面是平面而不是弧面。与弧面接触相比，平面接触的抗扭能力稍低，但制造成本也会较低，铣刀杆和刀片的经济性相对就会较高，用户的使用成本也会更低一些。

图3-54　弧边冠齿结构的螺纹铣刀
（图片素材源自瓦格斯）

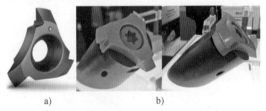

a)　　　　　b)

图3-55　弧边冠齿结构的螺纹铣刀刀片及安装结构示意（图片素材源自瓦格斯）

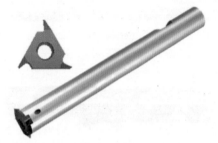

图3-56　直边冠齿结构的螺纹铣刀（图片素材源自瓦格斯）

◆ 端面立装的螺纹铣刀

图3-57为矩形刀片立装的螺纹铣刀。这种铣刀在刀具切削直径较小时采用每个刀片2个刃口的刀片形式（图3-57左下侧），减少刀片刃口数是为了在端面上安排更多的刀片；而在切削直径较大时则采用每个刀片4个刃口的刀片形式（图3-57右下侧），这样分摊到每个切削刃上的切削费用就会更低一些。

图3-58为每个刀片3个刃口的立装螺纹铣刀，刀片在图的右上角。

与平装刀片相比，立装刀片可承受的切削力更大，可以使用更高的切削参数，提高加工效率，降低制造成本。

图3-57　矩形刀片立装的螺纹铣刀
（图片素材源自埃莫克法兰肯）

图3-58　每个刀片3个刃口的立装螺纹铣刀
（图片素材源自瓦格斯）

3.3 螺纹铣削常见问题

■ 振动

螺纹铣削中常常会出现振动问题，在螺纹牙的表面产生严重的振纹（图3-59），这既与螺纹加工中牙型两侧同时参加切削，切削刃的接触长度很长，刀齿又难以增加截面积有关，也与使用中的其他因素有关。例如：错误的切削参数（如切削速度和进给率太低或太高）导致共振或切削力过大，不佳的刀具夹持和工件夹持（如铣刀悬伸过大），螺纹深度太深等，建议采用调整切削速度，调整每齿切削负荷，优化刀具夹持刚性，如增加铣刀直径、缩短铣刀悬伸（图3-52所示锯短刀杆）、采用硬质合金刀杆（图3-52及图3-54），使用带有抑制振动结构的螺纹铣刀（如不等分齿，参见《数控铣刀选用全图解》中的图3-19），优化工件的装夹刚性，将通常只走一个螺旋插补的多牙同时切削改为需要多个螺旋插补的单牙切削，将常规的右旋右切铣刀改为左旋右切铣刀（图3-15），检查跳动度，检查螺纹轴向和径向切削分配（必要时分为粗加工和精加工多刀切削）等方法加以解决。

■ 崩刃

螺纹铣削中产生崩刃如图3-60所示。

螺纹铣削中产生崩刃的大致原因，有些与振动有关，如切削参数的选择、每齿切削负荷太大及刀具和工件夹持不佳、排屑不流畅，也经常与刀具选择有关。

因此，建议的解决方式包括了调整切削参数，减小每齿切削负荷，提高包括刀具在内的工艺系统稳定性，增大内冷压力和采用合适的冷却方式（图3-36），改多牙切削为单牙切削，将粗加工和精加工分开（包括采用图3-38所示带粗加工齿的铣刀），

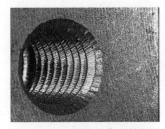

图3-59 螺纹铣削表面的振纹
（图片素材源自埃莫克法兰肯）

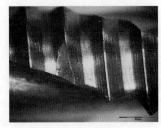

图3-60 螺纹铣削中产生崩刃
（图片素材源自埃莫克法兰肯）

采用韧性较好的硬质合金材料（如超细颗粒硬质合金）甚至降低效率使用粉末冶金高性能高速钢（PM-HSSE）等。

■ **刀具断裂**

螺纹铣刀的断裂（图3-61）虽然比起丝锥的断裂来说发生较少，但有时还是会发生的。可能原因一般包括进给率太高，错误的刀具几何角度，错误的编程半径，发生干涉或者撞刀。建议采取的纠正措施包括检查使用的进给率和程序（建议使用螺纹铣刀生产厂商提供的螺纹铣削编程工具），当然必须使用新的刀具。

■ **螺纹带有锥度**

螺纹铣削中经常会出现螺纹带有锥度（如内螺纹孔口直径较大而内部直径较小，如图3-62所示）。出现这种现象的主要原因有不佳的刀具或工件刚性（包括刀具直径太小或太长造成刚性不足产生挠度、刀具或工件的夹持刚性不足）、错误的刀具几何角度（如刀具不够锋利或应该选左旋右切而选择了右旋右切）、程序不适合（如切削用量大、顺铣逆铣选择错误）等，那么我们建议可以采取的措施包括在允许的范围内采用直径较大的铣刀、采用刚性较大的铣刀杆（如硬质合金刀杆）、缩短铣刀悬伸长度、改多牙铣刀为单牙铣刀、采用较为锋利（前角较大）的螺纹铣刀、右旋右切换成左旋右切并采用顺铣、右旋右切改为逆铣、在径向或轴向分刀切削（将粗加工和精加工分开）、检查进给率等。

■ **通规拧入太紧**

螺纹铣削中当然可能发生通规拧入太紧甚至无法拧入的情况（图3-63）。发生这种情况的常见原因包括不佳的刀具刚性或工件夹持、刀具选择错误、编程半径太大等，可行解决方案包括提高刀具和工件等工艺系统刚性、更换成正确的刀具以及检查编程半径补偿等。一般而言，只要不产生锥度，用编程半径补偿是常见的优先解决方法。

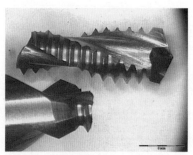

图 3-61 螺纹铣刀的断裂
（图片素材源自埃莫克法兰肯）

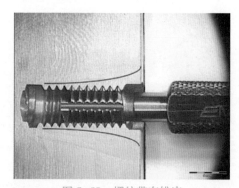

图 3-62 螺纹带有锥度
（图片素材源自埃莫克法兰肯）

■ 止规拧入超过规定范围

在第 2 章已经介绍过，止规测量的是螺纹的单一中径。如果通规和止规都能拧入，那对内螺纹来说一般是整个螺纹的直径太大了，可以修改加工程序使加工的螺纹直径变小。较为复杂的问题是所谓"通规不过止规过"，这一状况的发生是说明旋合长度内全牙有部分无法使通规通过螺孔，而中径部位却能够让止规通过（图3-64）。这种情况包括了螺距不完全准确（止规仅有极少几牙而通规是整个旋合长度）、牙型不正确（如用 55° 牙型角的螺纹铣刀加工 60° 牙型角的螺纹、用不同牙顶牙底削平高度的全牙螺纹铣刀加工相同牙顶牙底削平高度的螺纹、铣刀杆挠曲变形造成实际牙型角不正确等），因此建议仔细核对所选刀片的牙型是否符合被加工工件的螺纹牙型（包括螺距、牙型角、牙型是垂直于轴向还是垂直于母线、牙顶削平高度、牙底削平高度、牙型是平顶还是圆顶、牙型是平底还是圆底），还要检查加工中铣刀杆有没有较大的挠曲变形（主要针对多牙铣刀）、铣刀的跳动是否过大等。

■ 编程错误

螺纹铣削的编程错误如图 3-65 所示。编程错误的可能原因主要包括刀具半径补偿缺失、调用了其他刀具（刀具呼叫号错误）以及调用了错误的子程序。建议通过检查编程的刀具半径、检查程序等方法来

避免此类错误。

图 3-63　通规拧入太紧
（图片素材源自埃莫克法兰肯）

图 3-64　止规拧入超过规定范围
（图片素材源自埃莫克法兰肯）

图 3-65　螺纹铣削的编程错误
（图片素材源自埃莫克法兰肯）

4

齿轮加工刀具

4.1 齿轮加工概述

4.1.1 齿轮加工的主要对象及其概念

在传统的加工概念里，齿轮加工的对象并不都是齿轮。除了齿轮以外，还包括一些其他的传动零件。一般地，能传递运动和动力、改变轴的转速与转向的传动副，其中一个零件具有类似齿轮形态的，在加工类型中都被称为齿轮加工。下面简要介绍齿轮加工的主要对象及其概念。

■ 齿轮传动

齿轮传动是指由齿轮副传递运动和动力的装置，它是现代各种设备中应用最广泛的一种机械传动方式。它的传动准确、效率高，结构紧凑，工作可靠，寿命长。

◆ 圆柱齿轮传动

圆柱齿轮传动主要用于两平行轴的传动，分为直齿圆柱齿轮传动（图 4-1a）、斜齿圆柱齿轮传动（图 4-1b）和人字齿轮传动（图 4-1c）。

根据结构需要，圆柱齿轮分为单联齿轮（图 4-1）、双联齿轮（图 4-2a）和三联齿轮（图 4-2b）几种形式，当其中一个齿轮直径为无穷大时，即为齿轮齿条传动（图 4-2c）。齿轮齿条传动用于转动和移动之间的转换。

齿轮也可以分为带孔齿轮和带轴齿轮（除了图 4-1b 所示的蓝色零件为带轴齿轮，图 4-1 和图 4-2 中其他都是带孔齿轮）。

◆ 锥齿轮传动

锥齿轮传动主要用于两相交轴的传动，如图 4-3 所示。两根相交轴之间的夹角，可以是直角，也可以是其他角度。

a) 直齿圆柱齿轮传动　b) 斜齿圆柱齿轮传动　c) 人字齿轮传动

图 4-1　圆柱齿轮传动

a) 双联齿轮　　b) 三联齿轮　　c) 齿轮齿条传动

图 4-2　几种齿轮零件类型

图 4-3　锥齿轮传动

■ 蜗杆传动

蜗杆传动用于两交叉轴的传动。蜗轮与蜗杆在其中间平面内相当于齿轮与齿条，蜗杆又与螺杆形状相似。在蜗轮与蜗杆的加工中，蜗轮加工多与齿轮加工归于一类，而蜗杆加工则与螺纹加工归于一类。

■ 链传动

链传动是一种带嵌齿式扣链齿的轮子，与节链环或缆索上节距准确的块体相啮合进行的传动（图4-4）。链传动被广泛应用于化工、纺织机械、食品加工、仪表仪器、石油等行业的机械传动中。链轮的加工通常被归于齿轮加工类。

■ 同步带传动

同步带传动即啮合型带传动。传统的大跨距远距离传动多选用 V 带传动或链传动，但 V 带传动的弹性滑动、链传动中的噪声及震动极大，会影响机械设备的性能，因而在高速设备、数控机床、机器人行业、汽车行业、轻纺行业中广泛使用同步带传动。同步带轮（图4-5a）的加工通常被归于齿轮加工一类，而同步带（图4-5b）大多属于橡胶类产品，不在本书的讨论范围。

本书主要介绍圆柱齿轮加工刀具的选用。

两个圆柱齿轮的啮合方式分为外啮合和内啮合两种。图4-1为外啮合，所啮合的齿轮齿廓都位于齿轮的外缘上；另一种是内啮合，即两个相啮合的齿轮中，有一个齿轮的齿廓位于齿轮的内缘上（这一齿轮被称为内齿轮），如图4-6所示。

■ 齿轮的齿廓

常见的齿轮齿廓有摆线齿廓和渐开线齿廓两种。

◆ 摆线齿廓

当一个圆（图4-7a中半径为 r_1 的蓝色圆）在另一个固定圆（图4-7a中半径为 R 的红色圆）的外缘上作纯滚动时，该圆周上一点的轨迹称为外摆线（图4-7a中深蓝色粗圆）当一个圆（图4-7a中半径为 r_2 的绿色圆）在另一个固定圆（图4-7a中半径为 R 的

图4-4　链传动

a) 同步带轮　　　　　　b) 同步带

图4-5　同步带传动

图4-6　内啮合齿轮

红色圆）的内缘上作纯滚动时，该圆周上一点的轨迹称为内摆线（图4-7a中深绿色粗线）。把作滚动的那个圆称为滚圆（图4-7a中蓝色圆和绿色圆），而另一个固定圆称为导圆（图4-7a中红色圆）。从图4-7a可见，滚圆沿导圆内外缘滚动时，P点分别画出内外摆线，形成摆线齿廓，深蓝色的外摆线是齿顶部分，而深绿色的内摆线是齿根部分。

当一对摆线齿轮啮合时，两个滚圆（图4-7b中半径为r_1的蓝色圆和半径为r_2的绿色圆）分别在两个节圆（图4-7b中半径为R的深紫色圆和半径为R'的深橙色圆）的内外缘作纯滚动，得到一对齿廓（图4-7b中深紫色粗线和深橙色粗线），半径为r_1的滚圆沿半径为O_1P的节圆的内缘滚动，产生轮1齿根轮廓；半径为r_2的滚圆沿半径O_1P的节圆的外缘滚动，产生轮1齿顶轮廓。啮合时，一个齿轮的节圆外齿廓曲线与另一齿轮节圆内齿廓曲线要用同一滚圆。

从制造工艺上，摆线齿廓的齿轮制造比较困难。

◆ 渐开线齿廓

渐开线是在平面上，由一条动直线（被称为"发生线"，图4-8中由浅至深的湖蓝色）沿着固定的圆（被称为"基圆"，如图4-8中的红色圆）作纯滚动时，此动直线上一点的轨迹。可以试着这样绘制以理解渐开线：找一个圆盘作为基圆，用一根线在上面绕上几圈，找线的一头绑一支笔，当这根线在绷紧的状态下慢慢沿绕线的反方向展开时，笔尖所绘出的就是渐开线。

图4-9为渐开线的压力角。按照定义，

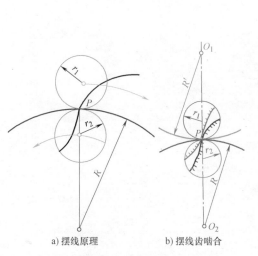

a) 摆线原理　　b) 摆线齿啮合

图4-7　摆线齿廓

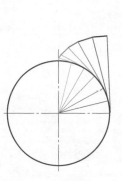

图4-8　渐开线的生成

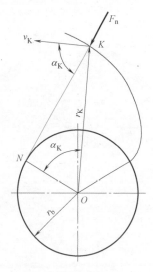

图4-9　渐开线的压力角

（图片素材源自北京科技大学）

在一对齿廓的啮合过程中，齿廓上任一点 K 的法线方向（图 4-9 中翠绿色的 NK 线）与该点速度方向（图 4-9 中红色的 v_K 线）所夹的锐角 α_K，就是该点的压力角。这里要提醒读者的是，这里提到的是渐开线轮廓上任一点的压力角，不是齿轮压力角。关于齿轮的压力角，下面就会详细介绍。

在本书中主要介绍渐开线齿轮加工刀具的选择和使用。

■ **其他一些基础概念**

◆ 齿轮系

齿轮系是指若干齿轮副的任意组合，如图 4-10 所示。

◆ 锥齿轮副

锥齿轮副是指两轴线相交的齿轮副，如图 4-11 所示。

◆ 交错轴齿轮副

交错轴齿轮副是指两轴线交错的齿轮副，如图 4-12 所示。

◆ 圆柱齿轮副

圆柱齿轮副是指两相啮合的圆柱齿轮。其中，当由两个直齿轮组成时，称为直齿轮副（图 4-13a、b）；当由两个斜齿轮组成时，称为斜齿轮副（图 4-13c）。

■ **有关齿轮的概念**

◆ 轮齿

轮齿是指齿轮上的一个凸起部分（图 4-14 中绿色的部分），插入配对齿轮的相应凸起部分之间的空间，凭借其外形以保证一个齿轮带动另一个齿轮运转。

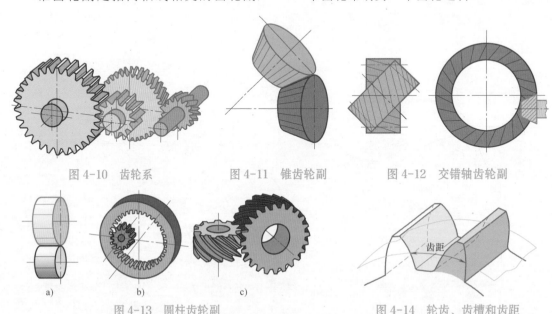

图 4-10　齿轮系　　　　图 4-11　锥齿轮副　　　　图 4-12　交错轴齿轮副

a)　　　　　b)　　　　　c)

图 4-13　圆柱齿轮副

齿距

图 4-14　轮齿、齿槽和齿距

◆ 齿槽

齿槽是齿轮上两相邻轮齿之间的空间（图 4-14 中黄色的部分）。

◆ 齿部

齿部是有齿部分的所有轮齿。

◆ 齿距

齿距是在任意给定的方向上规定的两个相邻的同侧齿廓相同间隔的尺寸（图 4-14 中红色箭头的部分）。

◆ 模数

模数是分度曲面（参见下条）上的齿距（以 mm 计）除以圆周率 π 所得的商。

◆ 分度曲面

分度曲面是齿轮上的一个约定的假想曲面（图 4-15 中天蓝色曲面，图 4-14 中天蓝色线框围起的部分），齿轮的轮齿尺寸均以该曲面为基准加以确定。

◆ 齿顶曲面

齿顶曲面是包含外齿轮轮齿（图 4-16 中的红色轮齿）的最外面和内齿轮轮齿（图 4-16 中的绿色轮齿）的最里面的同轴线旋转曲面（图 4-18a 中的紫色部分）。

◆ 齿顶高

齿顶高是齿顶曲面（图 4-17 中的黄色曲面）和分度曲面（图 4-17 中的蓝色曲面）之间的轮齿部分高度（图 4-17 左侧紫色箭头指示的部分）。

◆ 齿根曲面

齿根曲面是包含外齿轮轮齿的最里面和内齿轮轮齿的最外面的同轴线旋转曲面（图 4-18a 中的橙色曲面）。

◆ 齿根高

齿根高是分度曲面（图 4-17 中的蓝色曲面）和齿根曲面（图 4-17 中的绿色曲面）

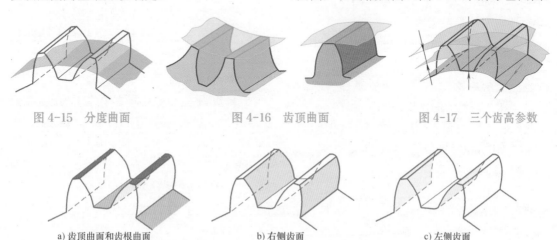

图 4-15　分度曲面　　　　图 4-16　齿顶曲面　　　　图 4-17　三个齿高参数

a) 齿顶曲面和齿根曲面　　　　b) 右侧齿面　　　　c) 左侧齿面

图 4-18　齿顶曲面、齿根曲面、右侧齿面和左侧齿面

之间的轮齿部分高度（图4-17右侧的橙色箭头指示的部分）。

◆ 齿高

齿高是齿顶曲面（图4-17中的黄色曲面）和齿根曲面（图4-17中的绿色曲面）之间的轮齿部分高度（图4-17中间的红色箭头指示的部分）。

◆ 右侧齿面

右侧齿面是面对齿轮的一个选定端面，观察其齿顶朝上的轮齿，位于齿体右侧的齿面（图4-18b中的淡红色齿面）。

◆ 左侧齿面

左侧齿面是面对齿轮的一个选定端面，观察其齿顶朝上的轮齿，位于齿体左侧的齿面（图4-18c中的淡绿色齿面）。

对于齿轮而言，右侧齿面和左侧齿面都有一个"选定端面"问题，即选择不同的端面，"右"或"左"就会不同。但对于齿轮刀具（如滚刀或插齿刀），由于存在前面，选定的端面一般就定为前面。

◆ 同侧齿面

在一个齿轮上，各右侧齿面称为同侧齿面（图4-18b中的两个淡红色齿面），各左侧齿面也称为同侧齿面（图4-18c中的两个淡绿色齿面）。

◆ 异侧齿面

在一个齿轮上，右侧齿面与左侧齿面互称为异侧齿面。

◆ 右旋斜齿轮与左旋斜齿轮

图4-19为两种斜齿轮的方向。

若沿着齿轮分度曲面的直母线看过去，随着距离的增加，显示出相继的端面齿廓在作顺时针方向的位移，则此齿轮为右旋斜齿轮如图4-19a所示。反之，若沿着齿轮分度曲面的直母线看过去，随着距离的增加，显示出相继的端面齿廓在作逆时针方向的位移，则此齿轮为左旋斜齿轮如图4-19b所示。

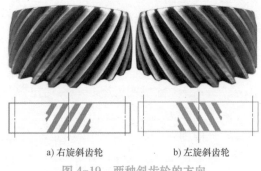

a) 右旋斜齿轮　　　　b) 左旋斜齿轮

图4-19　两种斜齿轮的方向

■ 圆柱齿轮和齿轮副

这一部分圆柱齿轮的定义也适用于齿条，因为齿条被看作直径为无穷大的圆柱齿轮。

◆ 分度圆柱面和节圆柱面

分度圆柱面是指圆柱齿轮的分度曲面（图4-20a中绿色的圆环）；而节圆柱面是指平行轴齿轮副中的圆柱齿轮的节曲面（图4-20b中绿色和蓝色的两个圆环）。两者的差别是节圆柱面是基于平行轴齿轮副的，即必须有相啮合的齿轮副，单个齿轮就谈不上节圆柱面了。

由此，引出分度圆和节圆的概念。

分度圆是指分度圆柱面被垂直于其轴线的一个平面所截的截线，如图 4-21a 中绿色的圆弧（分度圆的一部分）；而节圆则是指节圆柱面被垂直于其轴线的一个平面所截的截线，如图 4-21b 中蓝色和绿色的圆弧（两个节圆的一部分）。正因为节圆和节圆柱面只在齿轮副中存在，所以在单个齿轮制造中，主要讨论的是分度圆。

◆ 齿顶圆柱面和齿根圆柱面

齿顶圆柱面是指圆柱齿轮的齿顶曲面（图 4-22a），齿顶圆则是齿顶圆柱面被垂直于其轴线的平面所截的截线。齿根圆柱面是圆柱齿轮的齿根曲面（图 4-22b）；齿根圆则是齿根圆柱面被垂直于其轴线的平面所截的截线。

◆ 齿宽

齿宽是指齿轮的有齿部位沿分度圆柱面的母线方向度量的宽度，如图 4-23a 中的蓝色尺寸。

■ 斜齿轮

◆ 分度圆柱螺旋线

分度圆柱螺旋线是指斜齿轮的齿线，如图 4-23b 中的蓝色部分。

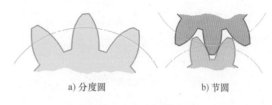

a) 分度圆   b) 节圆

图 4-21 两个圆的概念

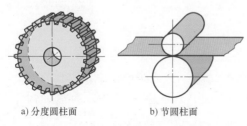

a) 分度圆柱面   b) 节圆柱面

图 4-20 两个圆柱面的概念

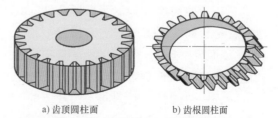

a) 齿顶圆柱面   b) 齿根圆柱面

图 4-22 齿顶圆柱面和齿根圆柱面

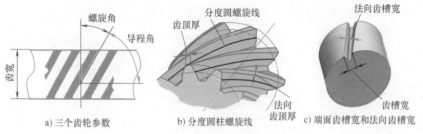

a) 三个齿轮参数   b) 分度圆柱螺旋线   c) 端面齿槽宽和法向齿槽宽

图 4-23 斜齿轮的几个概念

◆ 螺旋角

螺旋角是指斜齿轮的分度圆柱螺旋线的螺旋角，如图 4-23a 中的红色尺寸。直齿轮可以看作螺旋角为 0°的斜齿轮。

◆ 导程角

导程角是指斜齿轮分度圆柱螺旋线的导程角，见图 4-23a 中的绿色尺寸。

其他圆柱上也有各自的螺旋线、螺旋角与导程角。一般来说，无特定所指的螺旋角与导程角都是指在分度圆上的，其他的螺旋角与导程角则需要加上那个圆的名称，如基圆螺旋角与基圆导程角。

同一圆柱上的螺旋角与导程角互为余角，即两个角之和为 90°。

◆ 齿厚、齿槽宽和齿顶厚

斜齿轮的齿厚分为端面齿厚和法向齿厚（直齿轮的端面齿厚和法向齿厚是相同的）。端面齿厚是指一个齿的两侧端面齿廓之间的分度圆弧长；而法向齿厚则是处于一个轮齿的两侧齿线间的同一圆柱面的法向螺旋线的弧长。外齿轮的齿厚如图 4-24a 所示，内齿轮的齿厚如图 4-24b 所示。

端面齿槽宽是指在端平面上，一个齿槽的两侧齿廓之间的分度圆弧长，如图 4-23c 中的紫色尺寸。法向齿槽宽是指处于齿槽两侧齿线之间，在同一圆柱面上法向螺旋线的弧长，如图 4-23c 中的橙色尺寸。

齿顶厚是一个齿的两侧齿面与齿顶面的交线之间位于齿顶面内的最短弧长，它也有端面齿顶厚（图 4-23b 中的紫色尺寸）和法向齿顶厚（图 4-23b 中的橙色尺寸）。

◆ 齿距和模数

斜齿轮的齿距也分为端面齿距和法向齿距（直齿轮的端面齿距和法向齿距也是相同的，见图 4-14）。端面齿距是指两个相邻同侧端面齿廓之间的分度圆弧长，而法向齿距是指处于两相邻同侧齿面间的同一圆柱面上，法向螺旋线的弧长。外齿轮的齿距如图 4-25a 所示，内齿轮的齿距如图 4-25b 所示。

前面已经介绍过直齿轮的模数是分度曲面上的齿距（以 mm 计）除以圆周率 π 所得的商，因为齿轮的齿距有端面齿距和法向齿距之分，那么两个齿距分别除以圆周率 π 所得的两个商，就有了两个模数，即端面模数和法向模数。

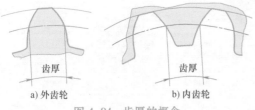

齿厚

齿厚

a) 外齿轮   b) 内齿轮

图 4-24　齿厚的概念

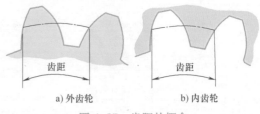

齿距

齿距

a) 外齿轮   b) 内齿轮

图 4-25　齿距的概念

◆ 压力角

齿轮的压力角一般特指渐开线在分度圆处的压力角（图4-26中的蓝色尺寸）。斜齿轮有端面压力角和法向压力角之分，而直齿轮则无须区分。斜齿轮的端面压力角即端面齿廓与分度圆的交点处的端面压力角，而法向压力角则是齿线与分度圆的交点处的法向压力角。

◆ 弦齿厚和弦齿高

首先介绍法向弦齿厚和法向弦齿高。法向弦齿厚是指一个齿的两侧齿线之间的最短距离，如图4-27a中的红色尺寸；而法向弦齿高则是法向弦齿厚的中点到齿顶面的最短距离，如图4-27a中的蓝色尺寸。

然后介绍固定弦齿厚和弦齿高。固定弦齿厚是指渐开线齿轮的一个齿（图4-27b中的黄色部分）和基本齿条（图4-27b中的紫色部分）的两个齿对称接触时，分布于该齿轮轮齿两侧齿面上的那两条接触线（图4-27b中的绿色线条部分垂直）之间的最短距离（图4-27b中的红色尺寸）；而固定弦齿高则是固定弦的中点到齿顶面的最短距离（图4-27b中的蓝色尺寸）；图4-27b中的橙色圆弧就是齿轮的基圆。

◆ 跨齿测量距

跨齿测量距是相切于跨一定数量的相邻轮齿的外齿面（对外齿轮）或齿槽（对内齿轮）的两平行平面之间的距离，如图4-28中的红色尺寸。

以前该尺寸曾经被称为公法线长度。理论上公法线（图4-28中两个空心圆之间的淡红色线）是相切于基圆（图4-28中橙色的圆弧）的，但因为理论跨测齿数可能不是整数，而实际测量必须是整数，常常有测量的线不与基圆相切的情况。因此，将尺寸改称为跨齿测量距更为准确。

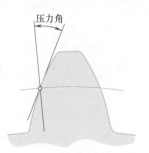

图4-26 压力角的概念

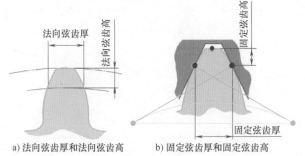

a) 法向弦齿厚和法向弦齿高　　b) 固定弦齿厚和固定弦齿高

图4-27 弦齿厚和弦齿高的概念

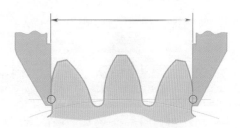

图4-28 跨齿测量距的概念

■ 关于轮齿的生成

◆ 标准基本齿条的齿廓

标准基本齿条的齿廓是用于确定渐开线齿轮齿制的标准轮齿尺寸的基础齿条齿廓（图4-29）。

◆ 基准线

基准线是指基本齿条的齿廓平面与基准平面（指基本齿条上的一个假想平面，在基准平面上齿厚与齿距的比值为一个给定的标准值）的交线，是与确定标准基本齿条的齿廓尺寸参数有关的直线（图4-29所示红色点画线）。

◆ 齿廓变位量

齿廓变位量是当齿轮与齿条紧密贴合，即齿轮的一个轮齿的两侧齿面与基本齿条齿槽的两侧齿面相切时，齿轮的分度圆柱面与基本齿条的基准平面之间沿公垂线度量的距离（图4-30）。通常，当基准平面与分度圆柱面分离时，变位量取正值（图4-30中即为正值）；当基准平面与分度圆柱面相割时，取负值。这个定义对内、外齿轮均适用，但对于内齿轮齿廓是指齿槽的两侧齿廓。

另外有三个与变位有关的参数：第一个是齿廓变位系数，是指齿廓变位量（mm）除以法向模数所得到的商；第二个是缩顶量，是指与标准基本齿条齿廓定义的齿顶高相比，齿顶高减少的量；第三个是缩顶系数，即上述缩顶量除以法向模数所得到的商。

▶ 4.1.2 轮齿的基本加工方法

轮齿加工是指齿轮上轮齿部分的加工，而毛坯的制造一般涉及车削、铣削、钻削、镗削、磨削、螺纹加工等（可参考本系列图书之前出版的4本书及本书前面的章节），都不在本章的介绍范围之内。

■ 两大加工类型

◆ 成形法加工

齿廓是一种特殊的曲线，不同的齿数、模数、压力角和变位系数的齿廓都有差别。将切削刀具的轮廓制作成与这个齿廓形状曲线基本相同，利用这样的刀具切削出要求的齿廓，这种轮齿加工方法称为成形法加工。图4-31为两种典型的成形法铣削齿轮。

成形法中使用的刀具必须有复杂的曲线，由于不同的齿数、模数、压力角和变

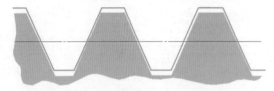

图4-29　标准基本齿条的齿廓

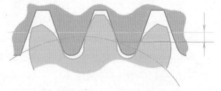

图4-30　齿廓变位量

位系数的齿廓都有差别，很难在经济条件下保持正确的齿廓（根据齿轮的规格，极少数是可以达到的），所以，较少用成形法制造高精度的齿轮，而且这个方法的效率也很低（退刀需要非切削的空行程）。

因此，当加工数量少或没有可使用展成法切削齿轮的普通机床时，也会利用通用加工机械采用成形法来进行轮齿加工。

◆ 展成法加工

展成法加工是将齿轮刀具与齿轮模拟成一对啮合的齿轮副（如插齿加工，图 4-33）或齿条齿轮副（如滚齿加工）。也就是说展成法的轮齿加工，齿轮刀具和齿轮毛坯是按照啮合关系

来放置的。这样切削时，可以通过展成的方式逐渐加工出渐开线曲线的齿。图 4-32 所示为展成法的滚齿加工，滚刀刀齿是齿条状的直线齿形。这样展成法的滚刀切削刃刃形相对容易制作到较高的精度。只要齿形上分的刀数较多，齿形就能够制作得很精确（图 4-32c）。

插齿加工则是无侧隙啮合。插齿刀相当于一个齿轮，在每个齿上磨出前、后角，从而使它具有切削功能。为完成插齿加工，插齿刀上下往复直线运动（包括工作行程、返回行程），而为避免刀具回程时与工件表面摩擦，擦伤已加工表面并减少刀齿的磨损，还要求插齿刀在回程时，工作台带着工件从插齿位置后退，随后在切削时又要恢复原来的啮合位置。

■ **齿轮加工典型刀具**

按照我国标准，切齿刀具是指用于加工齿轮、链轮、花键等齿廓形状的刀具（除拉削刀具外）的统称。它包括滚刀、插齿刀、剃

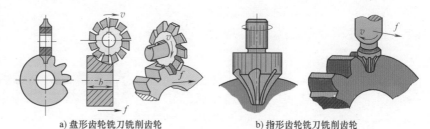

a) 盘形齿轮铣刀铣削齿轮   b) 指形齿轮铣刀铣削齿轮

图 4-31 两种典型的成形法铣削齿轮

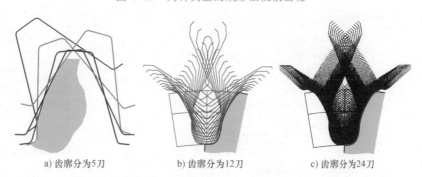

a) 齿廓分为5刀   b) 齿廓分为12刀   c) 齿廓分为24刀

图 4-32 展成法的滚齿加工（部分图片素材源自星速）

齿刀、切齿铣刀、梳齿刀、锥齿轮刀具等。而本书主要介绍的是用于加工齿轮的切齿刀具，因此切齿铣刀改称为齿轮铣刀，滚刀只涉及齿轮滚刀。

◆ 齿轮铣刀

齿轮铣刀主要有盘形齿轮铣刀和指形齿轮铣刀，其中盘形齿轮铣刀是指具有安装孔的齿轮铣刀，而指形齿轮铣刀是指安装部分为直柄或锥柄的齿轮铣刀。

传统的盘形齿轮铣刀如图 4-34 所示。

而图 4-35 所示的盘形齿轮铣刀具有与盘形锯片铣刀类似的结构，分为头部整体式、多齿单排和多齿双排几种。这种可换式的铣刀，可加工直齿圆柱齿轮、铣削轴 / 轮毂、插削内齿、铣削蜗杆轴及非标准齿轮。

图 4-36 所示为另一种头部整体式可换式齿轮铣刀。它的定位孔类似于可转位刀片螺钉常用的 TorxPlus，能传递较高的转矩，具有很好的刚性。图 4-37 所示为该铣刀的工作状态。

图 4-34　传统的盘形齿轮铣刀
（图片素材源自上海工具厂）

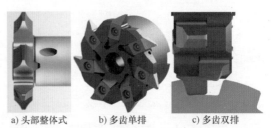

a) 头部整体式　　b) 多齿单排　　c) 多齿双排

图 4-35　可换式的盘形齿轮铣刀
（图片素材源自号恩）

图 4-36　另一种头部整体式可换式齿轮铣刀
（图片素材源自伊斯卡）

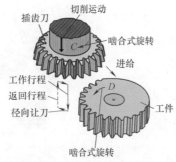

图 4-33　插齿加工基本循环（图片素材源自星速）

图 4-37　头部整体式齿轮铣刀工作状态
（图片素材源自伊斯卡）

而图 4-38 所示为装整刀片的可转位齿轮铣刀，这种刀片式的盘形齿轮铣刀在一台机床上仅需一次装夹便可完全加工零件，与高速钢齿轮铣刀相比，显著缩短了总体准备时间并降低了成本。同时，它的一种刀体能够夹持多种不同外形的刀片，与高速钢齿轮铣刀相比，通用性更高。这种齿轮铣刀通常不建议用切削液而用干式加工，这样就缩短了准备时间并降低了切削液成本，使加工更经济，操作工人也更为轻松健康。制造商认为，这种经济高效的解决方案适合于小到中等批量生产。全齿形刀片（相较于搭接齿形）可确保更高的刀具精度，因为切削刀具齿廓仅由一个刀片组成，而精磨刀片可确保出色的零件质量。

图 4-39 是两种分别用于粗加工和精加工的中等模数可转位齿轮铣刀。图 4-39a 中的刀齿是经搭接而成的（图 4-39a 中的红圈），因此被加工出的齿轮齿面会留下因搭接而产生的接刀痕；而图 4-39b 中的刀齿则是由较大的刀片直接完成整个齿面的加工（图 4-39b 中的蓝圈），因此被加工出的齿轮齿面不会产生接刀痕，它的接刀在刀具的齿顶（对应被加工齿轮的齿根）。

更大模数的齿轮铣刀一般都只能采用搭接齿形的解决方案，因为硬质合金的刀片尺寸还难以达到齿面长度和宽度的要求。图 4-40 是肯纳金属一个大模数（$m=35$mm）的可转位齿轮铣刀，直径达近 400mm，切削

图 4-38 装整刀片的可转位齿轮铣刀（图片素材源自山特维克可乐满）

a) 粗加工　　b) 精加工

图 4-39 两种可转位齿轮铣刀
（图片素材源自利美特金工）

速度达 125mm/min。由于模数很大，用单个刀片加工出齿轮的整个齿廓不太现实，该方案使用了多刀片搭接的齿廓成形方案：当齿廓被分割成非常短的直线段时，直线刀片搭接成的齿廓基本可以达到大模数齿轮的加工要求。

图 4-41a 为一个模数为 50mm、压力角为 20°、11 齿不带齿顶圆弧齿的盘形齿轮铣刀，其整齿范围为 ϕ295mm×190mm×ϕ80mm，轮齿的齿廓由 136 片可转位刀片搭接而成的切削刃加工；而图 4-41b 所示铣刀将刀体做成了模块化的结构，这种铣刀的刀体可以保留在机床上，而刀条可以根据用户的加工需求相应地更换。这种刀体模块化的齿轮铣刀是专为加工大模数齿形设计的，可以保证加工过程的灵活性。由于采用了模块化的结构，这种铣刀具有换

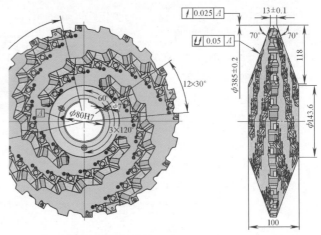

图 4-40　大模数可转位齿轮铣刀（图片素材源自肯纳金属）

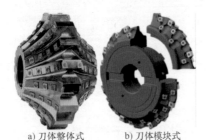

a) 刀体整体式　　　b) 刀体模块式

图 4-41　大模数可转位齿轮铣刀

（图片素材源自利美特金工）

刀时间短、刀片可以在机床外更换、可设计为内冷方式、适用于内齿轮或外齿轮加工、可设计齿顶倒角等优点。

　　这类由刀片搭接而成的齿轮铣刀的齿廓加工精度除了与机床等因素有关之外，一般与搭接的齿数及搭接方式有关。图 4-42 为外齿轮加工的刀片搭接方案，左边的两种基本采用标准刀片搭接，而右边的两种需采用成

形刀片搭接。一般而言，标准刀片搭接齿廓以短直线段连接而成，刀片成本低，库存备货也较简单；而成形刀片精度更高，但刀片价格较贵，库存管理也较为复杂。

　　传统的指形齿轮铣刀如图 4-43 所示。也有一些大型的、用可转位刀片的指形齿轮铣刀，如图 4-44 所示，图中的指形齿轮铣刀采用了折线齿形，刀齿的布置采用了错齿的方式（可参见《数控铣刀选用全图解》4.1.2 节中错齿结构的玉米铣刀），是一个模数为 48mm，直径为 150mm，悬伸为 180mm，带有 22 个可转位刀片的非标准指形齿轮铣刀。

　　现代有一些不带孔而带柄的齿轮铣刀，虽然按照切齿刀具标准的定义应该属于指形齿轮铣刀，但其切削方式其实更接近于盘形齿轮铣刀。如图 4-45 所示，下方两个

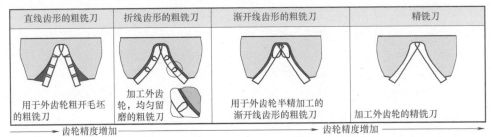

直线齿形的粗铣刀	折线齿形的粗铣刀	渐开线齿形的粗铣刀	精铣刀
用于外齿轮粗开毛坯的粗铣刀	加工外齿轮，均匀留磨的粗铣刀	用于外齿轮半精加工的渐开线齿形的粗铣刀	加工外齿轮的精铣刀

齿轮精度增加 ⟶ ⟵ 齿轮精度增加

图 4-42　外齿轮加工的刀片搭接方案（图片素材源自利美特金工）

明显是带柄不带孔的，而左上方则是带孔的，这两种铣刀使用同一种类型的刀片，它们的铣削方式与盘形齿轮铣刀更为类似。

图 4-46 所示的带柄齿轮铣刀是一种模块化的齿轮铣刀，供应商表示刀具内切削液能直达每一切削刃，而高精度刀片带有两个切削刃用于铣削齿轮齿廓，提供全新高精度、高公差等级齿轮加工解决方案。

前面介绍的是在传统机床和数控机床上都能使用的齿轮铣刀，大多采用成形法加工齿轮。随着数控技术的发展，在数控机床上也可以用展成法来铣削齿轮，如山特维克可乐满的 InvoMilling 技术（图 4-47）。InvoMilling 是一种采用标准铣刀加工外齿轮和花键的解决方案，它利用 5 轴机床的加工能力，可实现一套刀具生产多种齿廓，适用于交货期十分紧迫的中小批量加工生产中。

采用这一技术的铣刀底部是直的刃口，铣削时绕自身轴线旋转（图 4-47 中的蓝色

图 4-43　传统的指形齿轮铣刀

图 4-44　可转位的指形齿轮铣刀（图片素材源自利美特金工）

图 4-45　带孔或不带孔的齿轮铣刀（图片素材源自山特维克可乐满）

图 4-46　一种带柄齿轮铣刀（图片素材源自伊斯卡）

4
齿轮加工刀具

115

箭头）形成切削速度，沿齿向（图4-47中的绿色箭头）进给，而齿轮也绕自身轴线来回摆动（图4-47中的红色双虚线箭头），局部模拟齿轮与齿条的啮合而完成齿廓的加工。

另外还有一类特殊的齿轮铣刀，用于加工弧齿锥齿轮。锥齿轮的铣削也分为成形铣和展成铣两个大类，而在齿轮加工中弧齿锥齿轮的加工是比较复杂的，主要表现在切齿工序。弧齿锥齿轮是成对设计、制造和使用的，所以主、从动轮的加工工艺是同时考虑的。批量生产的切齿工序多采用固定安装法，并以大轮两齿面为基准，用调整小轮两齿面的加工参数去获得需要的接触区和啮合侧隙。

一般而言，加工弧齿锥齿轮，通常是按照假想平顶齿轮原理来进行的。所谓平顶齿轮，也是一个锥齿轮，但其齿顶是在一个平面上，此平面垂直于平顶齿轮的轴线，也就是说其顶锥角等于90°（图4-48）。平顶齿轮的节面仍为锥面，即节锥。所谓按照假想平顶齿轮原理加工齿轮，即在切齿过程中，假想有一个平顶齿轮（图4-48中蓝色）和机床上的摇台同心，并随着摇台转动而与被切齿轮（图4-48中红色）作无间隙的啮合。这个假想平顶齿轮的牙齿表面，是由机床摇台上的铣刀盘（图4-48中黄色）切削刃在摇台上旋转的轨迹所代替的，即平顶齿轮的牙齿表面，是由铣刀盘上的切削刃绕铣刀盘轴线回转而形成的锥面的一部分。这样随着一对齿轮的啮合运动，使得刀具在齿坯上加工出一个牙齿来（图4-48）。图4-49为几种不同规格的弧齿锥齿轮铣刀。

◆ 插齿刀

插齿刀属于展成法加工，在插齿刀下插的过程中，它与被加工齿轮相当于两个齿轮啮合。

图4-47　InvoMilling技术的铣齿轮及其铣刀
（图片素材源自山特维克可乐满）

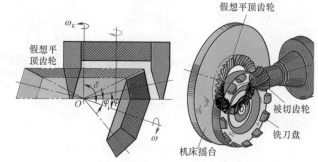

图4-48　弧齿锥齿轮铣削原理

柄形插齿刀（又称为带柄插齿刀）是指安装部分为直柄或锥柄的插齿刀（图4-50）。

柄形插齿刀也有冠齿的结构，如图4-51所示。这种插齿刀与传统插齿刀显著的不同之处之一在于其只有部分刀齿，这种结构的插齿刀在传统插齿机上很难想象，需要主轴来回摆动并保证精确的定位，而在数控加工中心上其加工方法类似于《数控铣刀选用全图解》5.5节介绍的插铣刀，只要有合适的计算程序（一般可求助于刀具提供商）就能轻而易举地解决；不同之处之二在于其使用硬质合金的切削齿来代替高速钢的切削齿，切削速度可大大提高从而提高加工效率，这一般也需要转速较高、功率较大的数控机床。同时，由于硬质合金的坯料尺寸有限，制造整个头部的硬质合金刀齿也较为困难，这时部分齿的冠齿式插齿刀就会显出其独特优势。

带孔插齿刀则主要分为盘形插齿刀、碗形插齿刀、筒形插齿刀（图4-52），其区别在于安装夹紧面低于插齿刀前面的深度。

插齿加工的缺点是具有空回程，因此加工效率稍低。但有些工件的齿轮没有足够的空隙（图4-53中红圈），用齿轮滚刀和齿轮铣刀加工都会很困难，在这样的场合插齿刀就常常成为首选。插齿的冲程应大于轮齿的厚度，又需要小于轮齿厚度和空刀高度之和。

图4-49　几种不同规格的弧齿锥齿轮铣刀（部分图片素材源自哈一工）

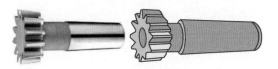

图4-50　柄形插齿刀

图4-51　冠齿式插齿刀
（图片素材源自伊斯卡）

a) 碗形插齿刀　　　　　　b) 筒形插齿刀

图4-52　带孔插齿刀

插齿刀既可以用于加工外齿轮，又可以用于加工内齿轮，而分度圆直径较小（一般齿数较少）的齿轮通常优先考虑用插齿方法来加工（较大的内齿轮也可以用铣削或滚齿的方法加工）。

◆ 齿轮滚刀

齿轮滚刀主要分为带柄（直柄、锥柄）齿轮滚刀、带孔齿轮滚刀、复合齿轮滚刀等，如图4-54所示。齿轮滚刀是本书主要介绍的内容，将在下一部分进行较为详尽的讲解，这里就不再展开。

◆ 剃齿刀

剃齿刀是一种齿形精加工的刀具。典型的剃齿刀如图4-55所示。

如图4-56所示，剃齿时被加工齿轮与剃齿刀之间保持一个轴交角（图4-56中橙色尺寸）进行啮合旋转，由于不同方向的螺旋角，剃齿刀与被加工齿轮之间发生了相对错动（图4-56中红色箭头），从而产生了剃齿加工效果。

通过剃齿，能使被加工齿轮齿形与齿向精度分别提高2～3个等级，分度误差（包括单牙误差、相邻误差、累计误差和径向跳动）提高1～2个等级，有可能达到与磨齿几乎同样的齿面粗糙度（可达 Ra 为0.4～0.6μm），而且不需要特别的操作技巧，即可获得4级左右的齿轮精度。

与同样作为齿形精加工的磨齿相比（虽然本书并不讨论磨齿问题），剃齿加工（图4-57）更易于调整齿轮参数（如齿形、齿向、

图4-53　插齿典型工件

图4-54　多种齿轮滚刀
（部分图片素材源自利美特金工）

图4-55　典型的剃齿刀
（图片素材源自星速）

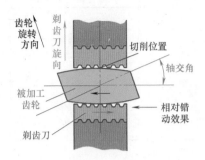

图 4-56　剃齿加工过程啮合状态示意
（图片素材源自星速）

图 4-57　剃齿加工实例（图片素材源自星速）

鼓形量等误差），能够加工靠近轴肩的齿轮（不易干涉），并且具有调整时间短、加工时间短而生产率高的特点（尤其是新齿轮开发试制中），刀具容易购置且成本低，而且相对于其他的齿轮精加工设备，剃齿机购置成本较低，更易配置自动化剃齿流水线，操作也比较简单。但剃齿结果对被剃工件的剃前质量依赖度较高（仅能纠正少量误差，无法修正分度误差），而且不适用于某些小齿数的齿轮。另外剃齿工序必须在热处理工序之前（磨齿常可以置于热处理工序之后），而热处理会对剃齿后的齿形造成较大的变形误差（不过随着剃齿刀材料的进步，可剃齿的齿轮硬度正在逐渐提高）。

　　图 4-58 所示为剃齿刀切削刃在齿轮齿面的运动轨迹。图 4-58 中选取了剃齿刀切削刃上的 3 个点（齿根与分度圆之间的 A 点、分度圆与齿顶之间的 B 点以及齿顶处的 C 点）并绘出了 3 条轨迹，而整个剃齿刀切削刃与轮齿的切削痕迹如图 4-58 所示绿色区域。

　　图 4-59 为四种常见的剃齿加工方式，分别是沿被剃齿轮轴向的轴向剃齿（又称为纵向剃齿或切向剃齿），这也是最常见的剃齿方法，它最大的优点是用齿幅较小的刀具也能加工齿幅更大的齿轮；第二种是沿被剃齿轮径向的横向剃齿，这种方法适

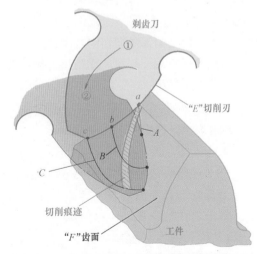

图 4-58　剃齿刀切削刃在齿轮齿面的运动轨迹
（图片素材源自星速）

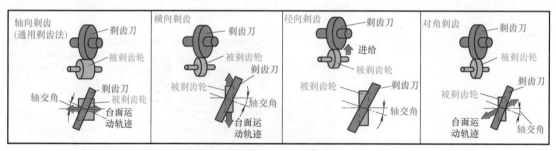

图 4-59　四种常见的剃齿加工方式（图片素材源自星速）

用于当刀具不能通过工件的情况（如加工短齿）；第三种是剃齿刀与被剃齿轮中心距逐渐缩小的径向剃齿，这时机床工作台无横向进给的往复运动，只有剃齿刀相对于工件的径向切入，因此加工效率、工件精度、齿面粗糙度、刀具寿命都较好；第四种是对角剃齿，这种方法在切削过程中剃齿刀轴线与工件轴线的投影交点是沿着工件轴线，由剃齿刀的一个端面移动到另一个端面，也就是剃齿刀的全部切削刃都参加切削，因此可以充分使用剃齿刀的每一截面，使剃齿刀磨损均匀，从而提高刀具的寿命。

剃齿刀的选用有许多原则，但由于本书的篇幅有限，我们不能在此详解。

◆ 车齿刀

在一对螺旋齿轮啮合副中，如果其中的一个变成刀具，另一个当作工件，并且使刀具沿工件轴向移动，这就成了车齿法（车齿又称为强力刮齿和剐齿）。这种工艺使用圆盘形或齿轮形刀具（通常外观与齿轮成形刀具非常相似，如图 4-60 所示），车

齿刀和工件的轴线相互异面交叉并同步进行运动；加工时车齿刀与齿坯工件各自以一定比值的转速旋转做啮合运动，刀具沿齿向与齿廓方向相对运动，而车齿刀沿工件的轴向运动只是起着保证切完齿轮坯的作用。车齿加工方法可扫描图 4-61 观看。

车齿法可以车外齿轮（图 4-62a），也可以车内齿轮（图 4-62b），既能车直齿轮，也能车斜齿轮。在刀具结构上，分锥柄车齿刀（图 4-63c）和碗形车齿刀（图 4-63a、b）；材

图 4-60　车齿刀（图片素材源自汉江工具）

图 4-61　车齿加工方法（视频素材源自汉江工具）

质上分高速钢车齿刀（图4-60）和硬质合金车齿刀（图4-64）。它们的外形与插齿刀相似。在使用上，直齿轮用斜齿车齿刀（图4-63b、c）车削；斜齿轮既可以用直齿车齿刀（图4-63a）也可以用斜齿车齿刀车削。车齿刀外形与插齿刀相近，车齿刀去除余量相当于滚刀，车齿刀切削功能相当于没开槽的剃齿刀用端面切削。车齿刀切削刃上同一点的工作角度在切削过程中变化。从开始参与切削时的正前角，变为绝对值较大的负前角。

a) 车外齿轮　　　　　　　　　　　b) 车内齿轮

图 4-62　车齿加工实例（图片素材源自 Profilator）

a)

b)　　　c)

图 4-63　三种车齿刀（图片素材源自汉江工具）　　　图 4-64　可转位车齿刀（图片素材源自英格索尔）

4.2　齿轮滚刀的选用

 ## 4.2.1　滚刀及滚削概述

■ 滚刀分类

◆ 滚刀的材料和涂层

滚刀的材料主要分为高速钢和硬质合金两个类别，也有一些其他材料。

高速钢按化学成分主要分为普通高速钢和高性能高速钢（钴高速钢），按冶炼方法主要分为熔炼高速钢及粉末冶金高速钢。关于这部分内容，可参见本书 2.1.1 节中关于高速钢丝锥的介绍。在数控机床上使的滚刀，主要采用高性能高速钢和粉末冶金高速钢，其中有不少是粉末冶金的高性能高速钢。

对于滚刀使用的硬质合金材料，利美特金工分析说，一般使用 K 类（通常指钨钴类）和 P 类（通常指钨钴钛类）硬质合金材料。其材料组成元素（合金组成元素）以及颗粒度的不同，决定了材料具有相对应的优点和缺点。

由于 K 类硬质合金表面无涂层时易与工件的材料发生黏结，所以一般推荐涂覆涂层后使用。因为与使用 P 类硬质合金滚刀相比，带有涂层的 K 类硬质合金滚刀通常具有更长的使用寿命。但在重磨后需要去除原有涂层并重新涂层，因此刀具的维护成本偏高。另外，细颗粒硬质合金通常仅仅应用在 K 类硬质合金上：细颗粒同时具有较高的硬度和强度，能兼备高的耐磨损能力和高强度。

而 P 类硬质合金则不易发生这种黏结，可以在无涂层的情形下使用（虽然此时刀具寿命会减少，尤其易发生月牙洼磨损），因此在 P 类硬质合金滚刀重磨后不需要再次进行涂层处理，这会大大减少滚刀的维护成本。但由于在第一次修磨后就失去了涂层对滚刀前面的保护，因此必须经常更换。

利美特金工另外有一种性能介于高速钢与硬质合金之间的滚刀材料，并将其命名为速切王（SpeedCore），如图 4-65 和图 4-66 所示。

利美特金工介绍说，速切王切削材料是为滚刀新研发的基体材料，增加热硬度的合金元素化合物，与粉末冶金高速钢（如 PM4/14）滚刀相比切削速度最少提高 30%，在不降低刀具寿命的情况下，减少了制造时间，简化了装夹和易于回收利用以符合客户

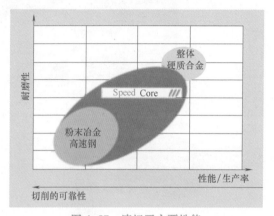

图 4-65 速切王主要性能
（图片素材源自利美特金工）

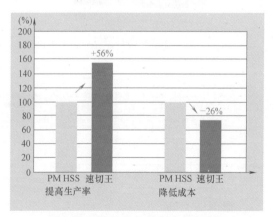

图 4-66 速切王与粉末冶金高速钢
（图片素材源自利美特金工）

的需求。速切王材料配上涂层使刀具达到顶尖的性能易于实现并具有高可靠性。这样的滚刀使用的设备（包括滚齿设备和修磨涂层设备）与高速钢滚刀没有区别。

利美特金工常用的齿轮滚刀材料性能一览见表4-1。

对于齿轮滚刀涂层来说，PVD涂层是经常采用的方法。它是等离子体真空薄涂层的方法，将高纯净材料通过电弧或阴极溅射转换成等离子，并通过反应气体（如氧气、氮气）的反应，生成类似于陶瓷材料的硬涂层（通常较耐高温）沉积到刀体上。各种硬涂层的组分主要有铬、钛、钽、铝化合物、镁化合物和非金属（氧、氮、硼和碳）。利美特金工的滚刀涂层已从最初的氮化钛（TiN）涂层，升级更新为较新的氮铝钛（TiAlN）和氮铬钛（TiCrN）涂层，其中青灰色的TiCrN最为常见。

图4-67为利美特金工的PVD的工艺示意，而图4-68所示为该公司的AlNCr涂层的结构示意。

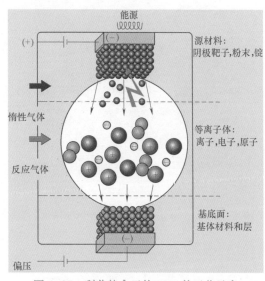

图4-67　利美特金工的PVD的工艺示意
（图片素材源自利美特金工）

表4-1　利美特金工常用的齿轮滚刀材料性能一览

特性值	单位	钴高速钢	粉末冶金高速钢	速切王	硬质合金
23℃硬度	HV10	800～900	880～960	920～940	1500～1900
600℃硬度	HV10	400～450	450～540	590～630	1200～1500
密度	g/cm^3	8～8.3	8.1～8.3	8.2	11～15
弹性模量	GPa	210～217	225～241	224	500～660
导热系数	W/(m·K)	19	17～19	32	30～100
热膨胀系数	10^{-6}m/(m·K)	10～13	10～11	10～11	5～7

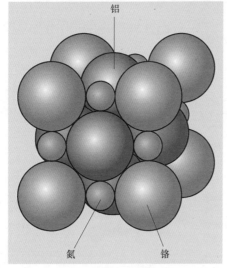

铝

氮   铬

图 4-68 利美特金工的 AlNCr 涂层的结构示意
（图片素材源自利美特金工）

◆ 滚刀的结构

按自身的总体结构不同，滚刀可以分为整体齿轮滚刀（图 4-69）、焊接齿轮滚刀（又分为如图 4-70a 所示的整齿面焊接和如图 4-70b 所示的两齿侧分别焊接刀齿）和可

转位齿轮滚刀（图 4-71，也有图 4-72 所示的整齿面、图 4-73 所示的两侧型、图 4-81b 所示的错齿搭接型）。

图 4-72 所示的整齿面的可转位齿轮滚刀，需要有特殊的刀片定位装置来防止切削过程中刀片受轴向力而产生位移，从而导致齿轮加工精度的丧失。从图 4-72b 中可以看到刀片底面有 V 形的定位槽，在夹紧过程中与刀体上的 V 形凸起镶嵌（这种结构可以认为是一种安全锁），然后采用楔块式的锁紧方式将刀片锁紧。

图 4-73 中则是两侧均以整个刀片构成的齿轮滚刀。这种滚刀两侧的刀片都直接安装在刀盘上，两侧的刀片轮流切削齿轮的两个牙侧，而两侧齿廓会有微量不平整的接点。

图 4-74 为错齿和侧面整条的刀片搭接方案。由于刀片槽和刀片的误差，错齿的齿侧轮廓误差相对较大，一般用于粗加工或大模数的齿轮加工，但这样的方案一般刀片比较便宜，经济性较好。

a) 整齿面   b) 两侧齿条

图 4-69 整体齿轮滚刀
（图片素材源自利美特金工）

图 4-70 焊接硬质合金齿轮滚刀
（图片素材源自利美特金工）

图 4-71 可转位齿轮滚刀（图片素材源自利美特金工）

a) 刀具与加工示意图   b) 锁紧及安全锁结构

图 4-72　整齿面可转位硬质合金齿轮滚刀（图片素材源自可乐满）

a) 刀具示意图   b) 局部细节

图 4-73　两侧型可转位硬质合金齿轮滚刀（图片素材源自可乐满）

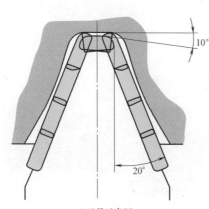

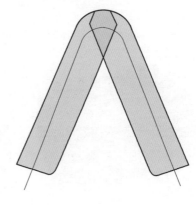

a) 刀具示意图   b) 局部细节

图 4-74　错齿和侧面整条的刀片搭接方案（图片素材源自利美特金工）

4 齿轮加工刀具

图 4-75 为带或不带凸角的齿轮滚刀（关于凸角的概念，在 4.2.2 节"渐开线齿轮滚刀的齿形"中加以介绍），两种滚刀的刀条可以是通用的，主要差别在于刀片。而刀条可以以模块化的方式与基体、固定环一起组成柔性较强的模块化的滚刀（图 4-76）。对于大模数的滚刀，模块化在局部损坏时只需更换刀条，能大幅度降低刀具维护的成本，而且通过刀条和刀片的组合，既可以组成使用标准刀片的、经济性很强的可转位滚刀，也能组成用专用刀片的、精度较高的可转位滚刀。

3 头滚刀（如果忽略切削结构，3 头滚刀类似于一个 3 头的螺杆）的牙型及其主要结构如图 4-77 右上角所示，3 个螺牙分别以淡红、淡蓝和淡绿表示，也有左旋与右旋之分（旋向和头数一般在滚刀的装夹端面上有标记，见图 4-78）。

图 4-79 中黄色部分是在螺杆上做出的排屑槽，这种排屑槽也有直槽和螺旋槽（斜槽）之分，如图 4-78 所示均为直槽，而图 4-80 所示则为螺旋槽。

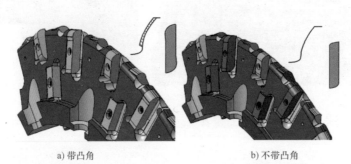

a) 带凸角　　　　　　　　b) 不带凸角

图 4-75　带或不带凸角的齿轮滚刀（图片素材源自利美特金工）

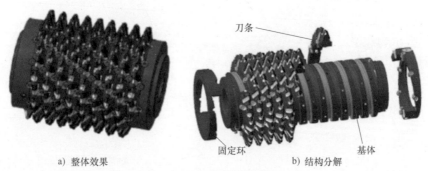

a) 整体效果　　　　　　　　b) 结构分解

图 4-76　模块化可转位硬质合金齿轮滚刀（图片素材源自利美特金工）

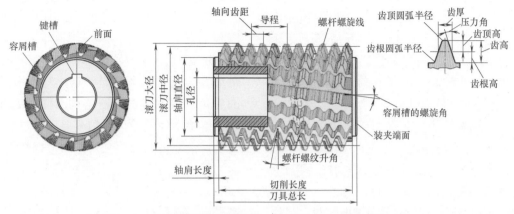

图 4-77 滚刀的主要结构参数（图片素材源自利美特金工）

a) 右旋单头   b) 左旋单头

图 4-78 齿轮滚刀的旋向和头数标记（图片素材源自利美特金工）

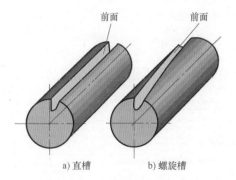

a) 直槽   b) 螺旋槽

图 4-79 齿轮滚刀容屑槽示意

图 4-80 齿轮滚刀的铲背（图片素材源自利美特金工）

容屑槽将决定滚刀的前面，即决定滚刀的前角。为了保证滚刀加工出的齿轮齿形准确，大多数精加工的滚刀的前角接近于0°（图4-81a），而粗加工则会根据需要制作成负前角（图4-81b）或正前角（图4-81c），滚刀磨损之后的刃磨也主要是修磨前面。

直槽和螺旋槽也会影响滚刀两侧刃的工作前角。由图4-82a可见，当用容屑槽为直槽的滚刀切削直齿圆柱齿轮时，滚刀的两个侧刃的前角一正一负，其绝对值等于两轴间的轴交角；而由图4-82b可见，当用容屑槽为螺旋槽的滚刀切削直齿圆柱齿轮且两轴间的轴交角等于滚刀螺旋槽螺旋角

时，滚刀的两个侧刃的前角可以相等。

滚刀的后刀面一般采用所谓铲背方式以使齿轮滚刀具有后角（图4-80），精度更高的齿形则以砂轮代替铲齿刀，被称为铲磨。无论是铲背还是铲磨，与许多丝锥的后角形成方式类似，这里不再做更多解释。但由于齿轮的齿形精度要求一般较高，为了保证滚刀在刃磨之后的廓形保持不变，滚刀铲背常采用阿基米德曲线，如图4-83中绿色曲线。对于齿背较宽的滚刀，还经常采用两段铲背，图4-84a中两段铲削比较光顺，而图4-84b中双线凸轮铲削则有个台阶，但滚刀制造相对简便即制造成本稍低。

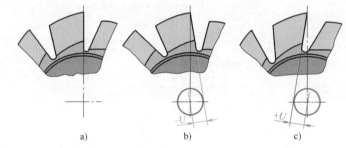

图4-81　齿轮滚刀的前角（图片素材源自潇湘职院）

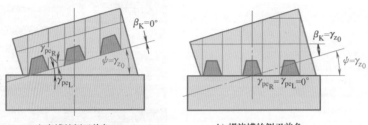

a) 直槽的侧刃前角　　　　　　　b) 螺旋槽的侧刃前角

图4-82　齿轮滚刀的侧刃前角（图片素材源自潇湘职院）

如图 4-54 所示，滚刀分为带柄滚刀和带孔滚刀两种，图 4-85 为带柄滚刀的定位检测夹紧结构，翠绿色的实心三角形指的是其安装定位面，两个红色箭头指的是夹紧面，而蓝色的带表形状的箭头指的是同轴度测量位置。

带柄滚刀的圆柱柄端建议用精度较高的热装夹头夹紧（图 4-86）。

带孔滚刀的驱动结构则通常有圆周键槽和端面键槽两个类别，都具有单键槽和多键槽两种方式。图 4-87 为带单圆周键槽和带双端面键槽（滚刀两端都带驱动键）的滚刀。这些滚刀的定位检测夹紧结构如图 4-88 所示。

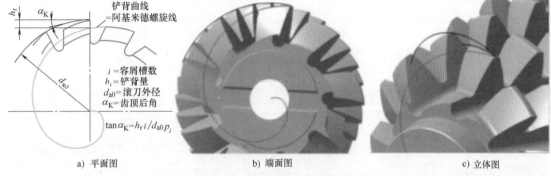

铲背曲线
=阿基米德螺旋线

i = 容屑槽数
h_i = 铲背量
d_{a0} = 滚刀外径
α_K = 齿顶后角

$\tan \alpha_K = h_r i / d_{a0} p_i$

a) 平面图   b) 端面图   c) 立体图

图 4-83　齿轮滚刀铲背或铲磨曲线

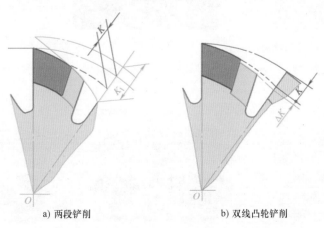

a) 两段铲削   b) 双线凸轮铲削

图 4-84　齿轮滚刀的铲背（图片素材源自潇湘职院）

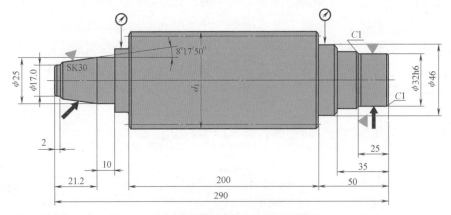

图 4-85　带柄滚刀的定位检测夹紧结构（图片素材源自利美特金工）

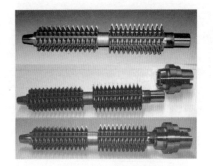

图 4-86　带柄滚刀圆柱柄的夹紧
（图片素材源自利美特金工）

图 4-87　带单圆周键槽和带双端面键槽的滚刀
（图片素材源自利美特金工）

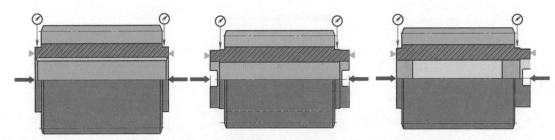

图 4-88　带孔滚刀的定位检测夹紧结构（图片素材源自利美特金工）

■ **滚齿基本要素**

◆ **滚齿原理**

对于相互啮合的一对渐开线齿轮，如果其中一个齿轮具有为实现切削所必需的适当的切削刃和切削后角，那么这个齿轮就变成了一个能以展成法原理进行工作的、可加工出与其相啮合的渐开线圆柱齿轮的齿轮刀具。

滚齿也是以一种展成法原理来进行工作的，其本质是将齿条（即直径无穷大的齿轮）变成刀具，以齿轮齿条啮合的方式来加工齿轮，如图4-89所示。

◆ **滚切方式**

滚刀的滚切在原理上与铣刀非常类似，因此也有顺铣和逆铣两种加工方式，如图4-90所示。而顺铣与逆铣的基本分析，请参见《数控铣刀选用全图解》1.4.1节。

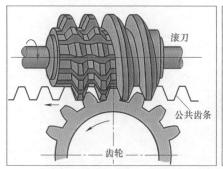
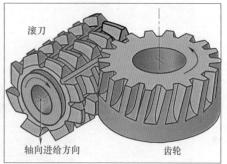

图4-89　滚齿原理示意（图片素材源自汉江工具）

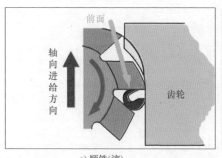

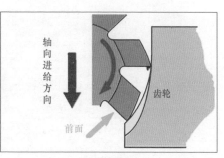

a) 顺铣(滚)　　　　　　　　　b) 逆铣(滚)

图4-90　滚刀的顺铣与逆铣（图片素材源自汉江工具）

◆ 滚齿安装角

什么是滚齿安装角？它就是滚刀在滚齿机上与基准之间的夹角。如图 4-91 所示，"A"角就是滚齿安装角。

根据齿轮的齿向和滚刀的螺旋角旋向，大致可以分为六种组合（图 4-92），其原则总结起来就是同向相减，异向相加。

也就是说，如果齿轮的旋向是右旋，角度为 β，齿轮滚刀是角度为 γ 的右旋滚刀，那么安装角就是 β 与 γ 的差值，即 $\beta-\gamma$；如果齿轮的旋向是右旋，而齿轮滚刀是角度为 γ 的左旋滚刀（也可以认为角度为 $-\gamma$ 的右旋滚刀），那么安装角就是 β 与 γ 的和，即 $\beta+\gamma$。

作为特例，直齿齿轮的螺旋角为 0°，如果齿轮滚刀是角度为 γ 的右旋滚刀，那么安装角就是负的 γ 值，即 $-\gamma$；而如果齿轮滚刀是角度为 γ 的左旋滚刀，那么安装角就是正的 γ 值。

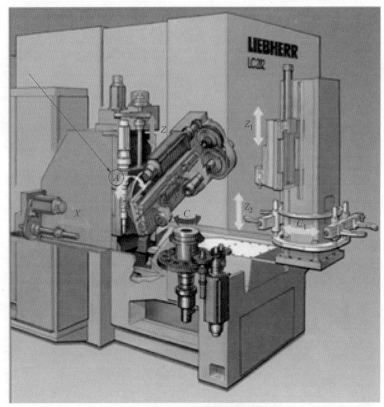

图 4-91　滚齿机工作轴示意（图片素材源自利勃海尔）

正是由于安装角的存在，使得内齿轮的滚削也成为一种可能（图 4-93a）。但为了防止发生干涉，内齿轮滚刀一般较短，必要的话采用较大的螺纹升角。图 4-93b 所示的内齿轮滚刀用于齿侧加工的部分可转位刀片具有 8 个切削刃（错齿搭接而成，红圈中的 3 个刀片搭接成滚刀一侧的刀齿）。

滚刀 \ 齿轮		直齿轮	斜齿轮	
			右旋斜齿轮	左旋斜齿轮
滚刀的螺纹升角 γ	右旋	γ 滚刀 齿轮	β γ $\beta-\gamma$ β	β γ $\beta+\gamma$ β
	左旋	滚刀 γ 齿轮 γ	γ β $\beta+\gamma$ β	β γ $\beta-\gamma$ β

图 4-92　滚齿安装角（图片素材源自汉江工具）

a) 内齿轮滚削示意图

b) 内齿轮滚刀局部结构放大

图 4-93　内齿轮滚削（图片素材源自利美特金工）

4.2.2 渐开线齿轮滚刀的齿形

滚刀除了加工渐开线齿轮外，也有用于加工蜗轮、链轮、同步带轮、花键等各种轮廓的，由于篇幅有限，本书仅介绍用于加工渐开线齿轮的滚刀齿形。

■ 渐开线齿形

◆ 滚刀标准齿形

渐开线齿轮滚刀的标准齿形与一个齿条的齿形非常接近。图 4-94 为滚刀标准齿形和被加工齿轮齿形（假设为外齿轮）。关于各种渐开线齿轮滚刀齿形的图中，均主要以土黄色表示滚刀的轮廓形状，以淡紫色表示被加工齿轮的轮廓形状，后面将不再一一解释，请各位读者加以注意，不要混淆了。

• 重载齿轮滚刀齿形

对于模数较大的齿轮（大模数齿轮一般用于传动大转矩的重载场合，也常称为重载齿轮），由于齿廓尺寸大，对滚刀而言就需要分两齿或者更多的齿来完成整个齿形的加工。这时，虽然齿轮可能是标准齿形，但需要分齿切削，以免刀齿负荷太大造成损坏。图 4-95 为重载齿轮滚刀，右侧是其一组刀齿的局部放大。

重载齿轮滚刀的齿形图和切削图如图 4-96 所示。$B{-}O$ 断面的绿色刀齿负责切削接近齿轮齿根及其上方的部分（齿形高度约为模数的 0.75 倍，切削图形面积占比约 75%），而 $A{-}O$ 断面的红色刀齿负责切削两侧的齿轮近齿顶部分（齿形高度约为模数的 1.5 倍，切削图形面积占比约 25%）兼微量修整绿色刀齿所切削的齿侧。

图 4-97 为模块化的可转位重载齿轮滚刀，它一侧由三个可转位刀片构成一组（左图方框），而三个刀片则如右图所示，是一个方刀片负责切削齿轮齿根部分，由一个较长的刀片负责齿侧部分，而由一个更长的刀片负责整个齿廓的连续和完整。之前图 4-93 所示的可转位内齿轮滚刀其实也类似，只是它把整个齿侧分成 3 段，并且没有另设修光齿侧的刀齿。

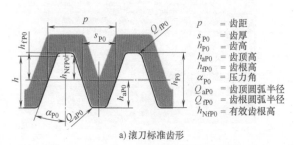

p	= 齿距
s_{P0}	= 齿厚
h_{P0}	= 齿高
h_{aP0}	= 齿顶高
h_{fP0}	= 齿根高
α_{P0}	= 压力角
ϱ_{aP0}	= 齿顶圆弧半径
ϱ_{fP0}	= 齿根圆弧半径
h_{NfP0}	= 有效齿根高

a) 滚刀标准齿形

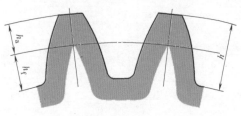

b) 被加工齿轮齿形

图 4-94　滚刀标准齿形和被加工齿轮齿形（图片素材源自利美特金工）

图 4-95　重载齿轮滚刀

（图片素材源自利美特金工）

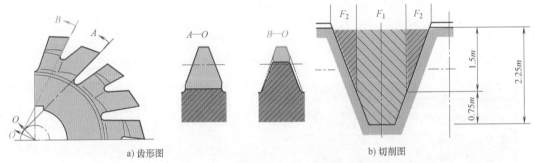

a) 齿形图

b) 切削图

图 4-96　重载齿轮滚刀的齿形图和切削图（图片素材源自利美特金工）

图 4-97　模块化的可转位重载齿轮滚刀（图片素材源自利美特金工）

● 留磨（剃）滚刀

留磨（剃）滚刀是为需要为齿形磨削（或剃削）留出余量的齿轮准备的，但因为齿轮的齿根部分不需要磨削且需要为磨削准备砂轮退刀的工艺结构，滚刀的角上会有一个凸起，因此也被称为凸角滚刀，如图 4-98 所示。

● 刮削滚刀

刮削滚刀是一种专门用于精加工的滚刀（图 4-99）。齿轮的刮削加工是利用刮削

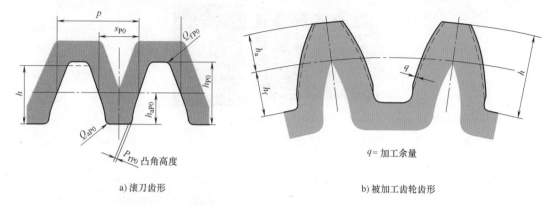

a) 滚刀齿形   b) 被加工齿轮齿形

$q=$ 加工余量

图 4-98　留磨（剃）滚刀（图片素材源自利美特金工）

图 4-99　正要使用整齿面焊接硬质合金齿轮滚刀
进行刮齿的工况（图片素材源自利美特金工）

滚刀对被粗切和淬硬后的齿轮进行再加工的一种加工工艺。刮削加工的主要应用领域是直齿和螺旋圆柱齿轮的加工。它可以消除齿轮的淬火变形，改善齿轮的加工质量。一般而言，刮削加工在切削金属能力方面比普通的磨削加工工艺要强很多。刮削加工的齿轮精度可以达到6级，因此在中等齿廓误差的情况下使用刮削加工代替传统的磨削加工是比较经济的。

对齿轮质量要求较高的情况，齿廓大多是采用磨削工艺加工而成的。如果在进行磨削加工之前采用刮削加工将齿轮的淬火变形去除，就可以使磨削余量更均匀（将毛坯材料刮削到磨削加工所要求的加工精度范围以内），大大减少加工所需的费用。这样可以减少磨削次数，同时获得额外的磨削能力。

◆ 带倒角齿形

带倒角齿形齿轮的倒角可以视为保护性倒角，用来保护齿顶修缘免受损坏和产生毛刺。

齿轮完成齿形加工之后，经常出现的问题是如何去齿顶毛刺。目前在生产中有各种不同的方法对齿轮进行去毛刺，包括滚压、挤压、切削和人工去毛刺。这些方法大都需要单独的设备或机床，因此需要额外的加工时间，成本很高。图4-100a所示的倒角滚刀，为去毛刺工艺节省了成本和时间，滚刀和去毛刺的倒角刀都装在同一根心轴上，当使用这样的滚刀加工完齿轮的齿形后，装在同一心轴上倒角刀就开始工作。被倒角齿轮齿廓和倒角加工原理示意如图4-100b、c所示。

图4-100是组合式的倒角滚刀（这样灵活性比较强），倒角滚刀的倒角结构也可以直接在齿轮滚刀的齿形上直接制造出来，这时虽然柔性不那么强，但由于倒角时不需要滚刀的移位，加工效率相对较高。

倒角滚刀的滚刀齿形和被加工齿轮齿形如图4-101所示。图4-101中，齿轮上的 h_K 为齿顶倒角的径向值，α_K 为齿顶倒角的角度；而滚刀上的 h_{NfP0} 为滚刀基本齿形的有效齿根高，α_{KP0} 为倒角齿形的角度。

◆ 带修缘齿形

带修缘齿形是为了防止一对齿轮在啮合时发生干涉。高速齿轮为减少噪声，需对齿形进行修正。修缘滚刀的滚刀齿形和被加工齿轮齿形如图4-102所示。图4-102中，齿轮上的 h_{CaP} 为齿顶修缘高度，C_{aP} 为齿顶修缘量；而滚刀上的 h_{CP0} 为从节线向下修正的高度，R_{CP0} 为修正的圆弧半径。

◆ 留磨倒角齿形

使用留磨倒角滚刀（或称为带凸角倒角滚刀）是滚削之后的齿形工序为磨削和剃削齿轮的首选。这种滚刀实际上是留磨滚刀（凸角滚刀）和倒角滚刀的复合，凸角的清根功能可以延长剃刀的寿命，并改善磨削和剃削加工出的齿轮质量，如图4-103所示。图4-103中，h_K 为齿顶倒角的径向值，α_K 为齿顶倒角的角度，q 为留磨（剃）加工余量；而滚刀上的 h_{NfP0} 为滚刀基本齿形的有效齿根高，α_{KP0} 为倒角齿形的角度，P_{rP0} 为凸角高度。

a) 倒角滚刀结构

b) 被倒角齿轮齿廓

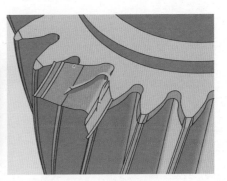

c) 倒角加工原理示意

图4-100　倒角滚刀（图片素材源自利美特金工）

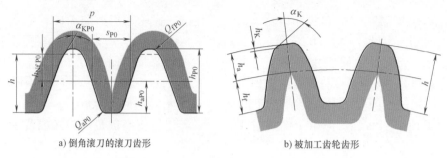

a) 倒角滚刀的滚刀齿形　　　　　　b) 被加工齿轮齿形

图 4-101　倒角滚刀的滚刀齿形和被加工齿轮齿形（图片素材源自利美特金工）

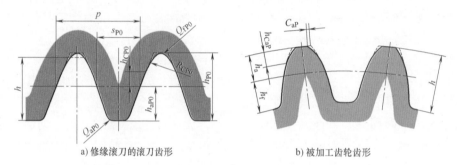

a) 修缘滚刀的滚刀齿形　　　　　　b) 被加工齿轮齿形

图 4-102　修缘滚刀的滚刀齿形和被加工齿轮齿形

（图片素材源自利美特金工）

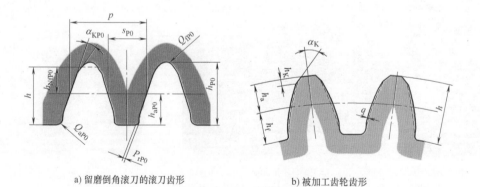

a) 留磨倒角滚刀的滚刀齿形　　　　　　b) 被加工齿轮齿形

图 4-103　留磨倒角滚刀的滚刀齿形和被加工齿轮齿形

（图片素材源自利美特金工）

◆ 全切齿形

全切滚刀指不在被加工齿轮上留出加工余量的滚刀，即以直接滚齿作为齿轮加工的最终方法，如图 4-104 所示。这种滚刀加工较小的齿轮，加工出的齿轮精度一般不会太高。

4.2.3 滚刀的选用

■ 选择合理的滚刀参数

◆ 滚切效率

就数控机床而言，滚切效率应该是在滚刀选择时首要考虑的因素。因为数控滚切机床的机床价格普遍不低，每小时的机床折旧加上滚切机床操作者的成本往往很高，每节约 1min 都可以大大降低滚切加工的成本。

滚切效率的主要影响因素分为三类。

第一类是图 4-105 中红字部分，由刀具决定，即滚刀头数、滚齿的切入切出越程（切入切出越程与滚刀外径密切相关）。单从效率来看，滚刀外径越小，切入切出的越程越短，滚切时间越短，效率越高；滚刀头数越多，滚切时间越短，效率越高；

第二类是图 4-105 中绿字部分，由切削参数决定。滚刀转速 n_0 或轴向进给量 f_Z 越大，滚切时间越短，效率越高。

第三类是图 4-105 中紫字部分，由被加工工件决定。被加工齿轮齿数越少，齿轮厚度越小，滚切时间越短，效率越高。

但在实际使用中，滚刀外径、滚刀头数等几何参数的选择，滚刀转速和轴向进给量等切削参数的选择还与其他因素有关，需要综合考虑。

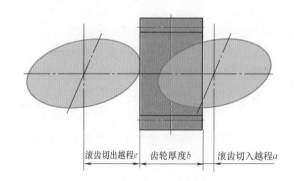

滚切时间 $T = \dfrac{(e+b+a)}{f_Z \, n_0} \dfrac{Z}{N}$

n_0=滚刀转速 b=齿轮厚度
N=滚刀头数 e=滚齿切出越程
Z=被加工齿轮齿数 a=滚齿切入越程
f_Z=轴向进给量

图 4-105 滚切时间示意
（图片素材源自汉江工具）

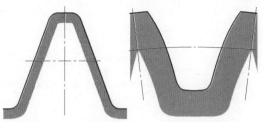

a) 全切滚刀齿形   b) 被加工齿轮齿形

图 4-104 全切滚刀齿形和被加工齿轮齿形
（图片素材源自利美特金工）

◆ 滚刀外径

根据图 4-105 的分析，滚刀外径较小，滚切效率会比较高：外径较小的滚刀，可减小滚削的切出和切入越程长度，减少空行程，因此可缩短滚切时间；同时，在相同的切削速度下，外径较小的滚刀转速较快，也提高了加工效率。据汉江工具测算，某外径为 100mm 的滚刀，其转速约为 318r/min，但如果外径减少到 80mm，相同切削速度下滚刀的转速增加到 398r/min，增加了 25%，再加上越程长度的影响，外径 80mm 的滚刀比外径 100mm 的滚刀的加工效率要高出 28%。

模数为 2mm、槽数为 12、头数为 2 的滚刀，其外径对可用齿背宽的影响，如图 4-106 所示。从图 4-106 中可见，当外径为 95mm 时，刀齿的可用齿背宽为 5.9mm，由此估算可刃磨次数为 19～20 次，而当外径减少到 65mm 时，刀齿的可用齿背宽约为 3mm，由此估算可刃磨次数减少到 8～10 次。因此，外径加大对滚刀的可刃磨次数的影响是明显的。

外径的选择与被加工齿轮的齿面精度也有不小的关系。

由图 4-107 可知，齿轮齿侧处的波度可近似地表示为

$$\Delta X = \frac{f^2}{8R_e} = \frac{f^2}{4D_e} \tag{4-1}$$

而沿齿面法线方向计量的齿底波度为

$$\Delta X_c = \frac{f^2}{4D_e \cos^2 \beta} \tag{4-2}$$

沿齿面法线方向计量的齿侧波度则为

$$\Delta X_m = \frac{f^2 \sin \alpha_x}{4D_e \cos^2 \beta} \tag{4-3}$$

式中　f——滚齿的轴向进给量（mm）；

D_e——滚刀外径，R_e 为相应半径（mm）；

α_x——齿轮不同直径处压力角（°）；

β——齿轮分圆螺旋角（°）。

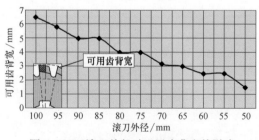

图 4-106　滚刀外径对可用齿背宽的影响
（图片素材源自汉江工具）

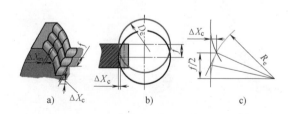

图 4-107　滚刀外径对齿侧波度和齿底波度的影响
（图片素材源自汉江工具）

由计算 ΔX、ΔX_c、ΔX_m 的三个公式可以知道，滚刀的外径 D_e 越大，这些波度就越小，因此从提高齿轮表面质量减少波度而言，滚刀直径大一些更好。

利美特金工也表示，齿轮滚刀外径是一个很重要的结构尺寸，其大小直接影响到其他结构参数的合理性。根据精度等级的不同，可选择不同的外径。精度高的齿轮，滚刀的外径应选择大一些；精度低的齿轮，可选择直径较小的。滚刀外径越大，滚刀的螺纹升角越小，因而使滚刀的近似造型误差越小，提高齿形的设计精度。

◆ 滚刀安装方式

现在，两端中有一端带有短圆锥柄的滚刀使用越来越多了，特别是在大批量生产中。其优点在于换刀速度快，装在机床上滚刀跳动小。

如果一端直接安装于主轴内孔（如 7：24 或 HSK 等），就不需要对刀柄进行预校正。一端圆锥柄安装于圆锥内孔，另一端圆柱柄用液压夹头夹持的带柄滚刀，如图 4-108 所示。

如果考虑这种安装方式，在购买加工设备时就必须注意滚刀在不同制造商生产的滚齿机上的兼容性。上述的其他类型滚刀为其他加工提供了解决方法，但在使用时必须考虑其能否满足用户规定的加工要求。

◆ 滚刀头数

从图 4-105 中的公式可见，滚刀头数 N

图 4-108 带柄滚刀工作中（图片素材源自埃马克）

对滚切时间有着重要的影响：采用多头滚刀对提高滚切效率有着显著的作用。但是，选择滚刀的头数时要注意以下关系。

1）被加工齿轮齿数与滚刀头数之间应无公约数，这样可补偿滚刀分度误差和安装的径向圆跳动误差将造成的齿轮齿距相邻误差。

2）滚刀头数和滚刀容屑槽数之间应无公约数。

3）直槽滚刀按螺纹升角 $\gamma \leqslant 6°$ 或 $7.5°$（γ 按 $\sin\gamma$ 等于滚刀头数 N 乘以法向模数 m_n 再除滚刀外径 D_e，即 $\sin\gamma=Nm_n/D_e$）计算滚刀的最多头数。图 4-109a 为滚刀头数与滚刀槽数有公约数，而滚刀头数与齿轮齿数无公约数的齿轮表面齿纹特征；图 4-109b 为滚刀头数与滚刀槽数无公约数，而滚刀头数与齿轮齿数无公约数的齿轮表面齿纹特征。

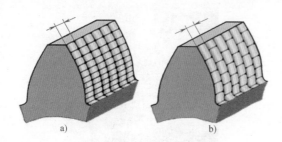

图 4-109　滚刀头数、槽数和被加工齿轮齿数（图片素材源自汉江工具）

分析表明，如直槽滚刀的螺纹升角 $\gamma > 7.5°$，在滚切时侧刃刀齿楔角较大的一侧（图 4-110 中 β_{li}）相对于另一侧（图 4-110 所示 β_{re}）磨损很快，影响刀齿寿命。因此建议在螺纹升角 $\gamma > 7.5°$ 时将容屑槽做成螺旋槽，但刃磨机床必须可加工螺旋槽。

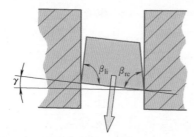

图 4-110　滚刀的楔角（图片素材源自利美特金工）

滚刀头数增加，刀齿的切削负荷随之增加，需要相应降低滚切轴向进给量，见表 4-2，基本上按等比 20% 下调。

多头滚刀（滚刀分头误差造成）会增大齿轮齿距误差，故精滚刀不宜采用多头滚刀。

表 4-2　不同滚刀头数的轴向进给量

（资料源自汉江工具）

滚刀头数	轴向进给量下降的百分比	相对的轴向进给量
1	0	1
2	20%	0.63
3	45%	0.61
4	58%	0.59
5	65%	0.57
6	70%	0.55

高速切削的条件下，多头滚刀是提高效率的一个途径。

滚切齿轮时，被加工齿轮端面的齿形形成过程是断续的，由切削刃包络成理论渐开线的折线组成，折线段的数目等于 $\varepsilon i/N$（i 为滚刀圆周齿数，N 为滚刀头数，ε 为滚刀与齿轮啮合时的重叠系数）。滚切时，两包络折线（残余）的交点到理论渐开线的法向垂直距离称为棱度 Δy（图 4-111），而特别地把分度圆处的 Δy 称为 δy，因此有（公式中的 z 为被加工齿轮齿数，α_n 为分度圆的法向压力角，N 为滚刀头数，i 为滚刀容屑槽数）

$$\delta y = \frac{\pi^2 N^2 m_n \sin \alpha_n}{4zi^2}$$

滚刀头数对齿形的包络棱度误差有明显影响。当滚刀头数较少时，齿形的包络棱度误差能明显减少（图 4-112）。当然，滚刀的容屑槽数也对齿形的包络棱度误差有显著影响，在后面的滚刀容屑槽中再进行介绍。

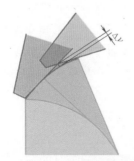

图 4-111　滚削的棱度分析
（图片素材源自汉江工具）

◆ 滚刀容屑槽

前面介绍过齿形的包络棱度误差不仅与滚刀头数有关，也与滚刀的容屑槽数量有关。图 4-113 所示为滚刀容屑槽对齿形的包络棱度误差的影响，可以看到在相同的条件下，较多槽数的滚刀加工起来有更高的齿形精度。但槽数增加的同时，往往会削弱齿背宽度，可采用的轴向进给量就会减小。

选用滚刀槽数应注意以下事项。

1) 保证刀齿刃背有足够的使用长度（刃磨次数）和足够的强（刚）度，在这方面较少的容屑槽数量更有优势（图 4-114）。

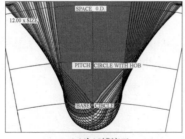

a) 1头15槽滚刀

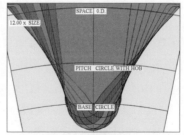

b) 3头15槽滚刀

图 4-112　滚刀头数对齿形的包络棱度误差的影响（图片素材源自星速）

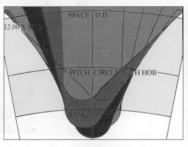

a) 5头5槽滚刀

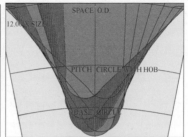

b) 5头10槽滚刀

图 4-113　滚刀容屑槽对齿形的包络棱度误差的影响（图片素材源自星速）

2）选择最小滚刀外径，要考虑滚刀内孔、槽数和有效刃背长度等因素。

3）同样外径的滚刀，增加槽数将缩短滚刀刀齿的有效刃背长，刃磨的次数将减少。

4）小外径滚刀要保持大直径滚刀的同样刃磨次数，只有减少滚刀的槽数。

5）用于强力切削和干切的滚刀应有足够大的槽底圆弧半径和容屑空间，以防止夹屑。

6）没有精密、高效滚齿机，多槽滚刀将不能很好地发挥其优势，得不到预期的齿形精度和滚切效率，甚至会牺牲滚刀的寿命（刀齿崩缺）。

滚刀与铣刀类似，其容屑槽的一部分构成刃口，而整个容屑槽则与刀具的许多因素相关。关于刃口的切削状态，已在《数控铣刀选用全图解》中介绍过了，这里不再复述。而具体对于滚刀，容屑槽的特性如下。

1）在滚切过程中切削区（三个变形区）

产生大量的切削热，75%～80%的热由切屑和切削液带走，5%～10%的热由工件吸收，10%～15%的热传递给刀具，其他2%传递给空气、机床。容屑槽是包容铁屑的空间，设计的合理性相当重要。特别是高速滚切中，对于容屑空间、排屑顺畅、散热、耐冲击（刀齿强度）有着很高的要求。

2）增大滚刀容屑槽空间，在滚削过程中有利于切削液有足够的空间充分浇注在切削区，及时把切屑冲走，冷却滚刀及工件的切削区，切削液润滑刀具的前、后面，减轻切屑对前面的摩擦和后面与已加工表面的摩擦，延缓刀具磨损，如图4-115所示。

3）将滚刀容屑槽底设计成整圆弧以增加其抗弯强度，提高刀齿的耐冲击性，同时有利于切屑弯曲变形。

◆ 滚刀长度

滚刀长度由切削刃部分和两端轴台的长度组成。滚刀切削刃部分除去两端的不全齿以外，应至少包络出被切齿面两侧完

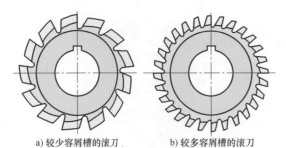

a) 较少容屑槽的滚刀　　　　b) 较多容屑槽的滚刀

图 4-114　滚刀容屑槽的比较

（图片素材源自汉江工具）

图 4-115　铣刀容屑槽的作用

（图片素材源自汉江工具）

整齿形的所需长度,以及切削斜齿轮时所必需的增加量。滚刀长度还应包含用作轴向位移的增加量,以延长两次重磨之间的使用寿命。

滚刀的轴台用作检测滚刀安装准确程度的基准,它要求与滚刀内孔有严格的同轴度。

最大限度利用滚刀上的每一个刀齿,需要知道粗切区长度的计算、展成区长度的计算、可窜刀长度的计算、起切和终切位置的确定四项。

滚切过程中,滚刀切削区分为粗切区和展成区(图 4-116):从齿坯上切下绝大部分金属是在粗切区进行的,它位于滚刀首先切入齿轮的一侧。滚刀的安装位置必须包容整个粗切区,否则会造成切入端粗切第一个刀齿时切削负荷过载,磨损加快,甚至会发生打刀现象。滚切一个齿轮的滚刀的最小长度等于粗切区和展成区之和的长度。

滚刀刀齿切出的切屑形状如图 4-117 所示。从图 4-117 中可以看到在滚切中,滚刀粗切区和展成区的刀齿载荷不同,磨损也不均匀,滚刀窜刀的目的是使各刀齿磨损趋于均匀。

当滚刀每切完一定数量的轮齿或齿坯后,应改变轴向位置,即相对于齿轮的切向移动一定距离,使参加切削的刀齿都经过粗切和展成切,从而使每个刀齿磨损基本趋于均匀,以充分利用刀齿,延长滚刀寿命,滚刀的窜刀长度应尽量长。

滚刀的粗切区、展成区和窜刀长度的计算相对繁杂,需要许多公式,由于篇幅关系不在此处一一列出,需要计算的读者可向滚刀提供商索取粗切区、展成区及窜刀长度的计算公式。

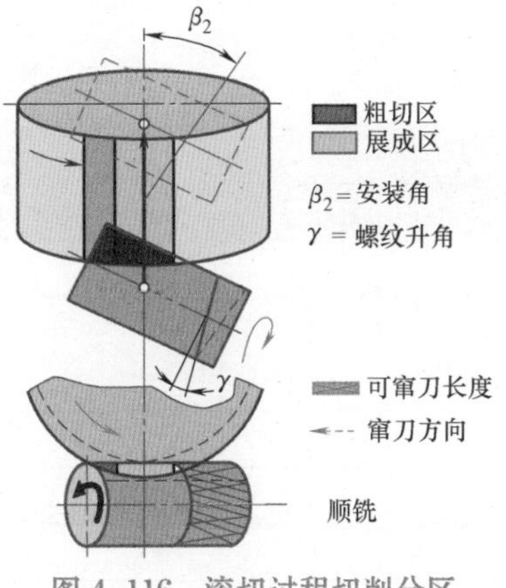

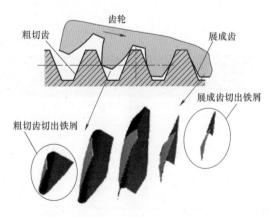

图 4-116 滚切过程切削分区
(图片素材源自汉江工具)

图 4-117 滚刀刀齿切出的切屑形状
(图片素材源自汉江工具)

◆ 滚刀质量等级对齿轮质量的影响

对于直齿轮，其滚刀公差见国家标准 GB/T 6084—2016《齿轮滚刀 通用技术条件》。齿轮的质量分为十三个等级，分别用数字 0～12 标出。标记为 0 的齿轮精度最高。

单头滚刀的许用公差符合 GB/T 6084—2016 的要求。根据其精度不同，共分为七个等级，即质量等级 A、B、C、D，以及更高精度的 2A、3A 和 4A。滚刀的基本齿距误差为齿轮总齿形误差提供了参考。

因此，将滚刀啮合区域的基本齿距误差 F_e（表 4-3）与齿轮总齿形误差 F_f 相比较是有一定意义的。然而必须考虑到，总齿形误差不仅可能是由滚刀本身的误差造成的，也可能是由滚齿加工设备、工件夹具误差以及切削应力造成的。

可获得的齿轮质量是在假设齿轮总误差的 2/3 是由于滚刀造成的前提下得到的，

而其他的影响因素包括机床、工件毛坯、夹具、切削液、滚削方式等。

■ 选择合理的滚切参数

◆ 合理的滚切参数的影响因素

选择合理的滚切参数对于齿轮加工很重要，合理的滚切参数可以有效地延长刀具使用寿命，减少刀具异常磨损，甚至崩齿；在齿轮加工过程产生较小的振动，同时也延长机床的使用寿命；合理的滚切参数同样也带来更好的零件表面粗糙度和齿形精度。

齿轮加工的两大重要滚切参数是刀具的线速度和轴向进给。决定滚切参数的主要因素包括滚刀基体材料和涂层、被加工齿轮的模数、被加工齿轮的材料及其热处理状况、滚切过程的冷却和润滑条件、滚齿机床结构、散热条件、刀架的结构刚性等。

表 4-3　各级滚刀的基本齿距误差 F_e　　　　　　（单位：μm）

单头滚刀质量等级	模数 m/mm							
	0.5～1	>1～2	>2～3.5	>3.5～6	>6～10	>10～16	>10～25	>25～40
基本齿距误差 F_e　4A	4	4	5	7	9	11	13	18
3A	6	6	8	10	12	15	19	25
2A	9	9	11	14	17	22	27	36
A	13	13	16	20	24	31	38	50
B	25	25	31	39	49	61	77	101
C	50	50	63	78	98	112	153	202
D	67	67	83	103	129	162	202	267

一般而言，对于不同的材料硬度，选取适当的加工线速度（如零件硬度越高，线速度越低）；零件模数越大，选用的滚切参数通常也越低。

同时，机床的因素也影响着滚切参数的选择。对于同种零件和同种材质的刀具，刚性和精度相比好的机床、好的机床夹具等，滚切参数可以相应提高。

还有通常干切的线速度要比湿切要快。

◆ 滚刀材料选用

如前面章节所介绍的，滚刀材质主要分为各种高速钢、速切王（SpeedCore）和硬质合金三大类。滚刀用材料成分和硬度见表4-4，几种滚刀材料温度与硬度关系如图4-118所示。

适合数控加工的材料包括普通高速钢、粉末冶金高速钢、速切王和硬质合金。由图4-118可知，在400℃以下时，钴高速钢、粉末冶金高速钢和速切王之间的硬度差别

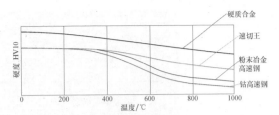

图 4-118　几种滚刀材料温度与硬度关系（图片素材源自利美特金工）

并不是很大，但当温度提高到600℃以上时，三者之间的硬度差就会有明显差别，速切王比粉末冶金高速钢和钴高速钢的硬度显著提高。

速切王由于金属材料结构不同［粉末冶金合金材料（Fe，Co）7Mo$_6$］，时效硬化增加了基体的热硬性，在相对更高的切削温度下，基体依然保持强度和韧性，所以选用速切王材料相比普通粉末冶金类材料更适用于高速切削，具有更长的刀具寿命。两种滚刀材料金相对比如图4-119所示，切削效果对比如图4-120所示。

表 4-4　滚刀用材料成分和硬度

材料名称	主要化学成分（质量分数，%）						热后硬度 HRC
	C	W	Mo	Cr	V	Co	
W6Mo5Cr4V2	1.0	6.4	5.0	4.2	2.0		65
M35	1.0	6.0	5.0	4.2	2.0	5.0	65.5
M42	1.1	1.5	9.5	3.8	1.2	8.0	66
ASP 2023	1.3	6.4	5.0	4.2	3.1		65
S590（ASP2030）	1.3	5.0	6.5	4.0	3.0	8.0	66
S390（ASP2052）	1.6	10.5	2.0	4.8	5.0	8	67.5
S290	2.0	14.3	2.5	3.8	4.8	11.0	67.5
速切王	0	6.3	0.3	4.2	3.0	8.4	—

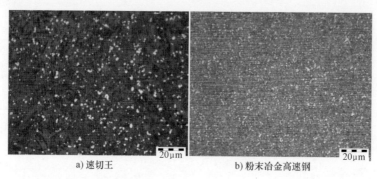

a) 速切王　　　　　　　　　　b) 粉末冶金高速钢

图 4-119　两种滚刀材料金相对比（图片素材源自利美特金工）

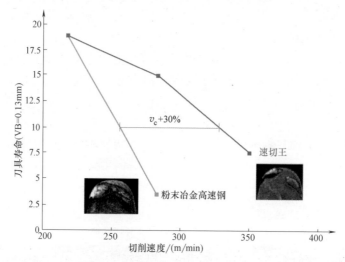

图 4-120　两种滚刀材料切削效果对比（图片素材源自利美特金工）

普通齿轮材料一般滚切首选普通高速钢 W6Mo5Cr4V2，高速滚切则首选含钴高速钢 M35 及高碳、高钒粉末冶金高速钢 S590（类似的 ASP2030）；高速切削及干滚切削可以选用高钴的粉末冶金高速钢 S390（类似的 ASP2052）、S290、速切王或硬质合金；中硬齿轮齿面的低速切削推荐选用含钴高速钢 M42、S390（类似的 ASP2052）；而硬齿面加工则首选硬质合金。几种高速钢抗弯强度与硬度的关系如图 4-121 所示。

另外，一般模数不超过 3.5mm 的适合使用整体结构，而模数在 3.5 ～ 6mm 的可选择速切王材料，而模数大于 6mm 的则推荐使用可转位硬质合金结构的滚刀。

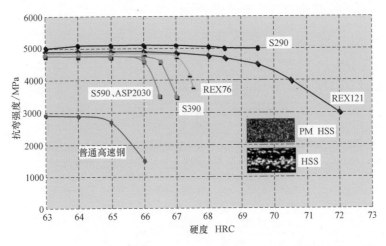

图 4-121　几种高速钢抗弯强度与硬度的关系（图片素材源自汉江工具）

在保持滚切参数相同的条件下，切削相同件数的同种齿轮，当被加工齿坯的硬度增加 10%，刀具的磨损将增加 40%，当齿坯的硬度增加 30%，刀具的磨损将增加 150%。而被加工齿坯的硬度是不能随意改变的，要保证可接受的刀具的使用寿命，高硬度的齿轮只能选较低的切削速度，所以齿坯材料的硬度是决定选择切削速度的最主要因素；滚刀涂层影响滚刀所能承受的切削温度，滚刀的热硬性也影响切削速度的选择；滚齿机的冷却和润滑条件，影响切削热的释放，也影响切削速度的选择。

◆ 齿轮材料的可加工性

齿轮材料的可加工性如图 4-122 所示。

据利美特金工介绍，在变速箱齿轮中零件材质通常选择 20MnCr5（欧洲标准

牌号）钢和 20CrMnTi 钢，少部分会选择 18CrNiMo7-6（欧洲标准牌号）钢或者其他材质。20MnCr5 是一种合金结构钢，渗碳钢，强度、韧性均高，淬透性良好，热处理后所得到的性能优于 20Cr 钢，淬火变形小，低温韧性良好，切削加工性较好，一般在渗碳淬火或调质后使用，是一款很好加工的材料。20CrMnTi 是渗碳钢，渗碳钢通常是碳的质量分数为 0.17%～0.24% 的低碳钢，常作为齿轮钢，其淬透性较高，在保证淬透情况下，具有较高的强度和韧性，特别是具有较高的低温冲击韧性。在滚齿加工中，由于其材质硬度相比 20MnCr5 钢较低，可以获得更高的切削参数，更容易加工，但是由于这个性质，材质更黏，铁屑容易粘在刃口上，影响刀具使用寿命，在实际生产加工需要注意。

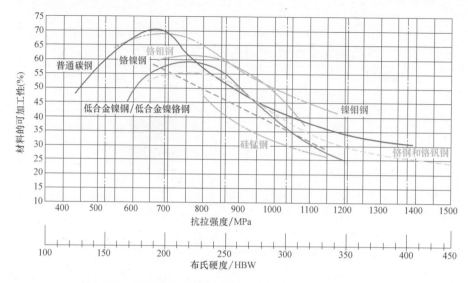

图 4-122　齿轮材料的可加工性（图片素材源自利美特金工）

在风电行业中零件材质通常选择 42CrMo 钢和 18CrNiMo7-6 钢。42CrMo 钢属于超高强度钢，具有高强度和韧性，淬透性也较好，无明显的回火脆性，调质处理后有较高的疲劳极限和抗多次冲击能力，低温冲击韧性良好。此材质多用于风电行星变速箱中的大齿圈以及回转支承的内齿圈。由于零件本身材质较硬，属于比较难加工类材质。18CrNiMo7-6 是优质合金渗碳结构钢，具有良好的力学性能和加工性能。此材质多用于风电行星变速箱中的行星齿轮和高速轴。

◆ 轴向进给量

轴向进给量可定义为工件每转一周沿轴向前进的距离。增加轴向进给量是缩短加工时间最有效的方式。由试验研究可知，轴向进给量与切削力存在一定的函数关系，随着轴向进给量的增大，切削应力逐步增加，切屑厚度相应增加。平均切屑厚度的概念已在《数控铣刀选用全图解》的 1.4.3 节中有详细讨论，而滚齿加工中，同样的零件和同样的滚刀，不同的轴向进给切出来的切屑厚度也不同。对于不同的刀具材质，选取合适的滚刀顶刃处的最大切屑厚度（h_{1max}，如图 4-123 所示滚刀顶刃切削厚度）有利于延长刀具的整体寿命。利美特金工推荐的最大切屑厚度（h_{1max}）如下。

粉末冶金高速钢：0.15 ～ 0.3mm。

速切王：0.15 ～ 0.25mm。

硬质合金：0.12 ～ 0.17mm。

$$f_z = h_{1max}^{1.9569} \times 0.0446 \times m_n^{[-1.6145\times10^{-2}\times\beta_2\times(-0.773)]} \times$$

$$z_2^{(-1.8102\times10^{-2}\times\beta_2+1.0607)} \times e^{(2.94\times10^{-2}\times\beta_2)} \times$$

$$\left(\frac{D}{2}\right)^{(1.6145\times10^{-2}\times\beta_2+0.4403)} \times \left(\frac{i}{N}\right)^{1.7162} \times$$

$$h^{-0.6243} \times e^{(2.94\times10^{-2}\times x_p)}$$

上式是汉江工具推荐的轴向进给量计算公式,由于公式比较复杂,本书不进行解读,但可以按照表 4-5 及图 4-124 快速确定比较合适的轴向进给量。

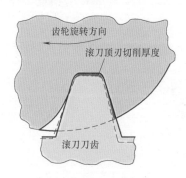

图 4-123　滚刀顶刃切削厚度
（图片素材源自汉江工具）

表 4-5　合适的痕迹深度

滚齿工艺	要求痕迹深度 δ
精密滚齿	$0 \sim 3\mu m$
珩前滚齿	$5 \sim 10\mu m$
滚压前滚齿	$8 \sim 12\mu m$
剃前滚齿	$10 \sim 20\mu m$
磨前滚齿	$15 \sim 35\mu m$

例:某滚压前滚齿,压力角为 $20°$,分度圆直径为 $100mm$,分度圆螺旋角为 $15°$。根据表 4-5,取 $\delta=10\mu m$(此时滚削的残留高度 $=10\mu m/\cos15°=10.35\mu m$),由图 4-124 所示橙色的纵轴 $\delta=10\mu m$ 处横向引出紫色线至青色的 $d_0=100mm$ 的曲线,向下折至横坐标,读出 $f_z/\cos\beta=3.3mm$,可得 $f_z=3.3mm\times\cos15°=3.18mm$。

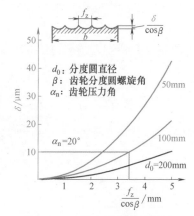

图 4-124　轴向进给量计算图
（图片素材源自汉江工具）

■ 滚刀安装的起始位置

图 4-125 为滚刀安装位置示意,滚刀的实际切削区域长度 = 切出部分（l_0）+ 切出部分（l）。

切出部分 $l_0 = \dfrac{h_a \cos\beta}{\tan\alpha \cos\sigma}$

式中　h_a ——滚刀的齿顶高;

　　　β ——齿轮的螺旋角;

　　　α ——滚刀的压力角;

σ ——滚刀的安装角。

而切出长度 $l = \dfrac{\sqrt{(2r_a - h_1)h_1}}{\cos\sigma}$

式中　r_a——齿轮齿顶圆半径；

　　　h_1——滚齿的切削深度；

　　　σ——滚刀的安装角。

安装滚刀的起始位置，应使展成中心位于距切入端端面为 l 的位置上，检测计算展成中心与切出端端面距离不小于 l_0。

■ **合理使用滚刀**

下面简单介绍滚刀的磨损。

◆ 滚刀的磨损形式

如图 4-126 所示，滚刀的磨损与车刀、铣刀类似，刃口会发生钝化和崩刃，前面会发生月牙洼磨损和积屑瘤，后面（包括滚刀齿顶和齿侧）会发生后面磨损（发生在齿侧面的后面磨损可称为齿侧磨损）和条状磨损，这些磨损的机理及应对措施与车刀和铣刀类似，可参见《数控车刀选用全图解》3.2.1 节。磨损在机理上有初始磨损、机械磨损、积屑瘤磨损、氧化磨损和扩散磨损等（图 4-127），叠加构成总磨损量。在这些磨

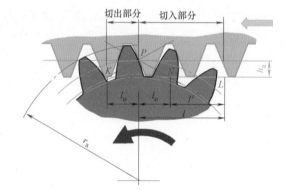

图 4-125　滚刀安装位置示意图（图片素材源自利美特金工）

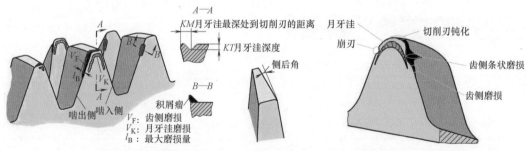

图 4-126　滚刀磨损示意图（图片素材源自汉江工具和利美特金工）

损中，除了积屑瘤磨损，一般都是随着切削速度和切削温度的上升而上升的，而低的切削速度虽然减缓了多种磨损，但将导致切削效率降低，常常会得不偿失。

但滚刀的齿侧磨损会造成被加工齿轮齿形的变形，需要引起特别重视。而滚刀顶刃和侧刃的交界处由于切削条件比较恶劣（切削热集中而散热条件差、切削速度高），磨损会比较严重。

◆ 滚齿切屑的形成

滚齿切削需要零件的转动、滚刀的转动和滚刀的轴向进给（图4-128）。滚齿加工是展成法原理来加工齿轮的。用滚刀来加工对轮相当于一对交错螺旋轮啮合。滚切齿轮属于展成法，可将其看作无啮合间隙的齿轮与齿条传动。

当滚齿旋转一周时，相当于齿条在法向移动一个刀齿，滚刀的连续传动，犹如一根无限长的齿条在连续移动。当滚刀与滚齿间严格按照齿轮于齿条的传动比强制啮合传动时，滚刀刀齿在一系列位置上的包络线就形成了工件的渐开线齿形，其滚刀切削刃与齿轮毛坯的接触，随着被加工齿轮的转动，切屑形态和面积也逐渐变化（图4-129）。

而沿着滚刀长度的切屑形态变化，如图4-117所示。

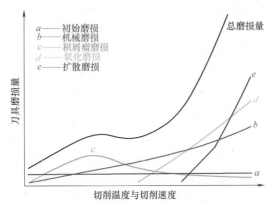

图 4-127　滚刀磨损机理（图片素材源自汉江工具）

图 4-128　滚齿切削过程示意
（图片素材源自利美特金工）

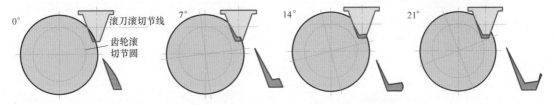

图 4-129　齿轮转动的切削区形态变化（图片素材源自汉江工具）

Suler 研究了在 6 个切削平面（图 4-130）上经过切削齿的切屑生成，得到的切屑横截面结构如图 4-131 所示。为了得到各个尺寸关系的整体印象，图 4-131 中位置 1 给出了切屑横截面得到测量值。切削区域的名称位于位置 1 端线的下方。淡黄底的相当于刀具切入面，白底的相当于刀齿宽度，而淡绿底的相当于刀具移出面。横线的颜色则与图 4-130 中 6 个不同位置的颜色对应。在模拟各种滚齿加工工艺时，如同向或反向的逆铣加工或顺铣加工过程，计算机会提供不同切屑的横截面以及构成形状。同方向的滚齿加工是指刀头和齿轮的加工齿方向是相同的，如右旋滚刀加工右旋方向的齿轮，而左旋滚刀加工左旋方向的齿轮。

◆ 磨钝标准

在实际生产中，应及时观察零件表面粗糙度，表面粗糙度降低或者齿面有划伤，以及机床不正常的声音，主轴负载增大都是刃口磨钝的体现。例如：可卸下刀具进行观察，可以检查刀具是否有崩刃、拉伤或者月牙洼，以此来判断刀具是否到达使用寿命。

用于数控机床的滚刀，建议最大磨损量（图 4-126 的 l_B）在不超过 0.3mm 时就换下进行修磨，这样对整个滚刀的寿命比较有利。

利美特金工介绍说，在滚齿加工时有关磨损宽度，一般是指滚齿齿顶角的齿侧磨损长度，如图 4-126 所示的齿侧磨损。齿侧磨损标记的形成也是决定滚刀使用寿命期限的主要因素。图 4-132 上方曲线表示的特性曲线反映了磨损标记宽度的形成。磨损标记宽度与齿轮数量没有比例关系。图 4-132 下方曲线中，在上方曲线上升部分的转折点位置有一个较明显的刀具比例磨损的最小值痕迹。

考虑被加工的齿轮，如果以单个刀具最小费用为目标，高速钢滚刀的最大磨损厚度不超过 0.25mm，而硬质合金滚刀不得超过 0.15mm。由于上述提到的情况不能确定所有情况下的磨损曲线，图 4-133 中给出了一些参考值。与此同时，显然存在大量的其他标准要求（例如切削材料、模数、生产工序或要求的加工齿质量），在评估磨

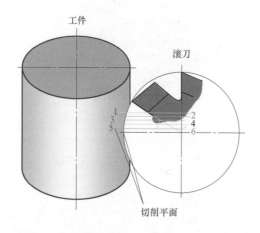

图 4-130　切屑横截面的判断
（图片素材源自利美特金工）

損标记宽度时必须考虑上述内容。

图 4-133 中的"粗加工"一列显示了大模数齿轮粗加工时具有较大的磨损标记宽度。这些数据显然处于磨损不断增长的范围以内。但这些情况往往无法避免，因为要切除的部分会随着模数的增加而急剧增加，而参与材料切削的刀齿数量则保持不变甚至减少。这就导致每个切削齿上所受的应力增加，从而导致磨损加剧。

磨损标记宽度对于精加工的情况，其必须保持尽量低，因为被磨损的切削刃上的偏差和较大的切削应力会降低齿轮的加工精度。经实践证明，刀具磨损标记宽度达到 0.2mm 后，不是硬质涂层而是基质材料决定磨损的发展。当使用硬质合金刮削滚刀加工硬质齿轮时，切削刃的磨损标记宽度可以达到 0.15mm。增加的切削应力和切削温度会导致切削刃变钝，这不仅会影响加工工件上的应力，降低加工质量，而且会产生很多零散的加工碎屑，并可能导致刀具崩裂。

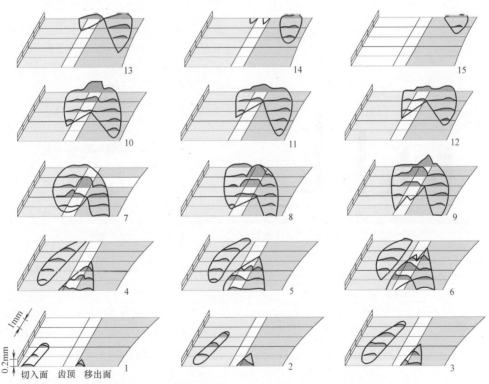

图 4-131　网格化滚齿上不同切削碎屑的横截面结构（图片素材源自利美特金工）

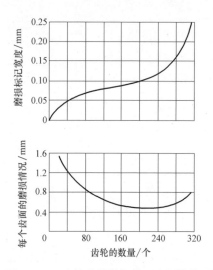

图 4-132　齿轮的数量与齿面磨损的关系图
（图片素材源自利美特金工）

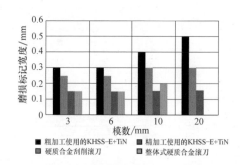

图 4-133　不同滚刀材料的磨损标记宽度
（图片素材源自利美特金工）

利美特金工还介绍说，对于干加工的整体式硬质合金滚刀，其磨损量不得超过0.15mm。过度磨损会损坏刀具的使用。因

此在每次重磨后检查刀具的寿命是非常重要的。干加工过程中磨损加剧的一个首要标志就是加工工件的温度上升，并产生火花，当火花很严重时应立即停止加工作业。从经济性角度考虑，除了控制磨损标记宽度以外，分散磨损是非常重要的。

对每个刀具刀齿的磨损情况进行检查就可以发现，如果刀具只使用某一固定部分进行滚削，其磨损情况的分布如图4-134中的阴影部分所示。反过来，如果刀具在每次加工周期内沿轴向进行加工（移位），新的刀齿不断进入加工区域，磨损量会分布在更多的切削齿上，因而在连续磨削后生产率会增加好几倍。

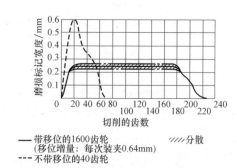

图 4-134　滚刀移位操作对磨损标记宽度影响
（图片素材源自利美特金工）

齿轮加工是相当复杂的切削技术，本书由于篇幅有限无法详细介绍。建议需要的读者向滚刀或其他齿轮刀具的提供商详细咨询。